计算机信息安全与网络技术应用

王晓燕 王 虹 韩 雪 著

北京工业大学出版社

图书在版编目（CIP）数据

计算机信息安全与网络技术应用 / 王晓燕，王虹，韩雪著. — 北京：北京工业大学出版社，2019.10（2022.5 重印）

ISBN 978-7-5639-7005-6

Ⅰ．①计… Ⅱ．①王… ②王… ③韩… Ⅲ．①电子计算机－信息安全－安全技术 Ⅳ．① TP309

中国版本图书馆 CIP 数据核字（2019）第 225590 号

计算机信息安全与网络技术应用

著　　者：王晓燕　王　虹　韩　雪
责任编辑：李　艳
封面设计：点墨轩阁
出版发行：北京工业大学出版社
　　　　　（北京市朝阳区平乐园 100 号　邮编：100124）
　　　　　010-67391722（传真）　bgdcbs@sina.com
经销单位：全国各地新华书店
承印单位：三河市明华印务有限公司
开　　本：710 毫米 ×1000 毫米　1/16
印　　张：11.25
字　　数：225 千字
版　　次：2019 年 10 月第 1 版
印　　次：2022 年 5 月第 3 次印刷
标准书号：ISBN 978-7-5639-7005-6
定　　价：48.00 元

版权所有　　翻印必究

（如发现印装质量问题，请寄本社发行部调换010-67391106）

前　言

信息已成为社会发展的重要战略资源、决策资源，信息化水平已成为衡量一个国家现代化程度和综合国力的重要指标。抢占信息资源已成为国际竞争的重要内容。

在信息化社会中，计算机和通信网络广泛用于各个领域。以此为基础建立的各种信息系统给人们的生活、工作带来了巨大变化。然而，人们在享受网络信息所带来的利益的同时，信息安全也面临着严峻考验，信息安全的重要性有目共睹。以 Internet 为代表的全球性信息化浪潮日益高涨，信息网络技术的应用正日益普及，应用层次正在深入，应用领域从传统的、小型业务系统逐渐向大型的、关键业务系统扩展。随着网络的普及，安全日益成为影响信息系统性能的重要问题。而 Internet 所具有的开放性、国际性和自由性在增加应用自由度的同时，也对安全提出了更高的要求。

智能计算是人们受自然规律的启迪，根据其原理，模仿求解问题的算法，通过学习、自组织等方式对信息进行综合、归纳或推理，从而建立符号主义、连接主义和行为主义的数学模型。利用智能计算来实现的智能信息处理是与传统信息处理方法完全不同的一种新颖的"软计算"方法。智能计算技术是一门涉及物理学、数学、生理学、心理学、神经科学、计算机科学和智能技术等的交叉学科，智能计算方法包括神经网络、进化、遗传、免疫、生态、人工生命、主体理论等，作为第二代的人工智能方法，在多学科领域得到了广泛的应用，不仅为人工智能和认知科学提供了新的科学逻辑和研究方法，而且为信息科学提供了有效的处理技术。深入地开展智能计算领域的研究，具有重要的理论意义和应用前景。

本书在编写过程中参考借鉴了一些专家学者研究成果和资料，在此向他们表示感谢。由于编写时间仓促，笔者水平有限，不足之处在所难免，恳请专家和广大读者提出宝贵意见，予以批评指正，以便改进。

目 录

第一章 计算机信息安全概述 ……………………………………………… 1
第一节 计算机安全和网络安全的概念 ……………………………… 1
第二节 信息系统安全面临的威胁 …………………………………… 4
第三节 计算机安全分类和主要安全技术 …………………………… 5
第四节 系统安全级别 ………………………………………………… 6
第五节 安全策略的制定与实施 ……………………………………… 9

第二章 操作系统安全 ……………………………………………………… 11
第一节 操作系统安全概述 …………………………………………… 11
第二节 Windows 2000 操作系统安全概述 ………………………… 14
第三节 Windows XP 操作系统安全概述 …………………………… 19

第三章 数据库安全 ………………………………………………………… 25
第一节 数据库安全概述 ……………………………………………… 25
第二节 数据库安全面临的威胁 ……………………………………… 29
第三节 数据库安全技术 ……………………………………………… 31
第四节 灾难恢复与数据库备份 ……………………………………… 34

第四章 应用系统安全 ……………………………………………………… 37
第一节 应用系统安全概述 …………………………………………… 37
第二节 Web 站点安全 ………………………………………………… 40

第五章　计算机病毒及防范技术 ... 51
第一节　恶意代码与病毒 ... 51
第二节　计算机病毒 ... 53
第三节　蠕虫、木马和间谍软件概述 ... 60
第四节　病毒的预防、检测和清除 ... 64

第六章　防火墙技术 ... 71
第一节　防火墙概述 ... 71
第二节　防火墙的种类 ... 73
第三节　个人防火墙的使用 ... 76

第七章　入侵检测及安全扫描技术 ... 81
第一节　计算机黑客 ... 81
第二节　网络监听与防范 ... 94
第三节　安全扫描技术 ... 97
第四节　入侵检测 ... 100

第八章　智能计算及其研究现状 ... 105
第一节　智能计算的背景知识 ... 105
第二节　智能计算的研究现状 ... 107
第三节　智能计算的改进研究 ... 107

第九章　相关智能计算模型和方法 ... 113
第一节　支持向量机 ... 113
第二节　分类 ... 118
第三节　聚类和模糊聚类 ... 120
第四节　群智能算法 ... 126

第十章　自适应迭代最小二乘支持向量机回归研究 ... 129
第一节　最小二乘支持向量机回归 ... 129
第二节　AILSSCR 算法 ... 134

第十一章 一维下料问题的智能求解 ·················· 137
第一节 一维下料问题 ······························ 137
第二节 基于蚁群算法求解一维下料问题 ················ 138

第十二章 智能计算在网络优化中的应用 ················ 145
第一节 遗传算法及其在路由优化中的应用 ·············· 145
第二节 基于改进的人工鱼群算法的路由优化 ············ 152
第三节 基于DNA-GA算法的传感器网络的覆盖优化 ······ 158

参考文献 ·· 167

第一章 计算机信息安全概述

第一节 计算机安全和网络安全的概念

计算机信息安全是一门涉及计算机科学、网络技术、通信技术、密码技术、信息安全技术、应用数学、信息论等多种学科的综合性科学。

一、信息安全和计算机安全

（一）信息安全的概念

信息安全包括五个基本要素：保密性、完整性、可用性、可控性与可审查性。

1. 信息的保密性

信息的保密性是指确保信息不暴露给未经授权的实体或进程。

2. 信息的完整性

信息的完整性是指只有得到允许的人才能访问数据，并且能够判别出数据是否已被修改。

3. 信息的可用性

信息的可用性是指得到授权的实体在需要时可访问数据，即攻击者不能占用所有的资源而阻碍授权者的工作。

4. 信息的可控性

信息的可控性是表示控制权范围内的信息流向及行为方式。

5. 信息的可审查性

信息的可审查性是指对出现的网络安全问题提供调查的依据和手段。

一个现代的信息系统若不包含有效的信息安全技术措施，就不能被认为是完整的和可信的。

（二）计算机安全的概念

1. 国际标准化组织（ISO）的定义

为数据处理系统建立和采用的技术和管理的安全保护，保护计算机硬件、软件和数据不因偶然或恶意的原因遭到破坏、更改和泄露。

2. 我国公安部的定义

计算机系统的硬件、软件、数据受到保护，不因偶然的或恶意的原因而遭到破坏、更改、泄露，保证系统能正常运行。

二、计算机网络安全

网络安全和单台计算机安全的目标并没有本质的区别，但对网络安全的要求要远远高于单台计算机。

（一）计算机网络安全的概念

计算机网络安全是指网络系统的硬件、软件以及系统中的数据受到保护，不受偶然的或者恶意的原因而遭到破坏、更改、泄露，确保系统能连续可靠正常的运行，网络服务不中断。

网络安全从本质上来讲就是网络上的信息安全，从广义的角度讲，凡是涉及网络上信息的保密性、完整性、可用性、可控性与真实性都属于网络安全研究的范畴。

（二）网络安全的目标

网络安全的主要目标如下所示。

1. 网络服务的可用性

必须保证网络服务的正常使用，如可以抵御拒绝服务等攻击。

2. 网络信息的保密性

网络服务必须能防止重要信息的泄露，要求使用者只有在授权的情况下才能获得重要信息。

3. 网络信息的完整性

网络服务必须保证信息的内容不被非授权者有意或无意篡改。

4. 网络信息的非否认性

要保证网络上的用户不能否认信息的发送或接收。

5. 网络运行的可控性

指网络管理的可控性,包括网络运行的物理可控性和逻辑可控性,要求能够有效地控制网络用户的行为以及信息的传播范围。

(三)网络安全的五层体系

网络安全主要涉及五个方面的问题。

1. 用户是否安全

要保证只有真正被授权的用户才能使用系统中的资源和数据。可采取对用户进行分组管理,根据不同的安全级别将用户分成若干等级,每一等级的用户只能访问与等级相对应的系统资源和数据。还应该具有较强的身份认证能力,确保用户的密码不被外人获取。

2. 操作系统是否安全

主要是避免病毒的威胁和黑客对操作系统的侵入和破坏。

3. 应用程序是否安全

要保证只有合法的用户才能对重要的数据进行操作。主要包括:应用程序对数据的合法权限,如上级部门的应用程序能够存取下级部门的数据,而下级部门的应用程序一般不能存取上级部门的数据;另外,同级部门的应用程序的存取权限也应有所限制。

4. 网络是否安全

主要是网络能够得到控制,即可以控制进入网络的 IP 用户。

5. 数据是否安全

主要是保证加密数据能够处于机密状态。

第二节　信息系统安全面临的威胁

一、安全威胁的种类

（一）物理威胁

计算机硬件、存储介质和数据也是偷窃者的目标。常见的物理安全问题有：偷窃、废物搜索和间谍活动等。计算机偷窃行为所造成的损失可能远远超过计算机本身的价值。通常计算机内存储的数据的价值远远高于计算机设备本身，因此必须采取严格的防范措施，以确保计算机设备尤其是计算机信息存储设备的安全。

（二）意外威胁

意外威胁是由于系统管理员的疏忽或用户的无知，没有预先思考或计划而引起的。例如，用户远程访问一个系统时，可能会无意中进入一个没有被先前登录的用户彻底终止的登录会话。如果先前的用户在查看一个很机密的文件，这个文件只有经过授权的用户才能打开，但是当这个用户结束自己的会话时，并没有将这个文件的查看程序关闭，那么新登录的用户就可以很容易地浏览整个文件的内容，从而造成泄密。

（三）故意威胁

故意威胁是有企图的行为的结果，是计划好的活动。威胁的范围从简单的不修改数据的文件检查到整个系统中进行体系的改变以致造成恶意的损坏。故意威胁可以进一步分为被动威胁和主动威胁。

1. 被动威胁

这类威胁包括在网络上使用探测器读取正在发送的数据包，而不修改数据包的内容，数据的合法用户很可能不知道这种活动的存在。这种类型的活动通常不被记录。

2. 主动威胁

主动威胁包括的行为有：①反复的尝试访问和修改存储在操作系统中的信息；②生成大量的数据包来阻塞网络。

二、网络安全威胁的表现形式

目前，网络中存在的威胁主要表现为以下几个方面。

1. 非授权访问

没有经过同意就使用网络或计算机资源就是非授权访问，如有意避开系统访问控制机制，对网络设备及资源进行非正常使用，或擅自扩大权限，越权访问信息。它主要有以下几种形式：假冒、身份攻击、非法用户进入网络系统进行违法操作、合法用户以未授权方式进行访问等。

2. 信息泄露或丢失

信息泄露或丢失是指敏感数据在有意或无意中被泄露或丢失，它通常包括：①信息在传输中丢失或泄露；②信息在存储介质中丢失或泄露。

3. 破坏数据的完整性

以非法手段窃得数据的使用权，删除、修改、插入或重发某些重要信息，以取得有益于攻击者的响应，如恶意添加、修改数据，以干扰用户的正常使用。

4. 用网络传播病毒

通过网络传播计算机病毒，其破坏性远大于单机病毒，而且用户很难防范。

第三节　计算机安全分类和主要安全技术

一、计算机安全分类

根据中国国家计算机安全规范，计算机的安全大致可分为三类。

1. 实体安全

实体安全包括机房、线路和主机等的安全。

2. 网络与信息安全

网络与信息安全包括网络的畅通、准确以及网上信息的安全，具体包括以下几类。

①基本安全类包括访问控制、授权、认证、加密以及内容安全。

②管理与记账类包括安全策略的管理、实时监控、报警以及企业范围内的集中管理与记账。

③网络互联设备类包括路由器、通信服务器和交换机等。
④连接控制类包括负载均衡、可靠性以及流量管理等。

3. 应用安全

包括程序的开发允许、I/O、数据库等的安全。

二、主要安全技术

从广义上讲，计算机信息安全技术主要有以下几方面：①主机安全技术；②身份认证技术；③访问控制技术；④数据加密技术；⑤防火墙技术；⑥安全审计技术；⑦安全管理技术。

我们应该在了解计算机信息安全技术的基础上，尽快掌握使用计算机信息安全产品的技术，不断提高实现信息安全的能力，以适应我国信息化对信息安全的需求。

第四节　系统安全级别

一、美国的"可信计算机系统评估准则"（TCSEC）

这个安全性级别是美国国防部制定的，共分 A、B、C、D 四级，A 级最高，D 级最低。国际上经常使用该标准来评价一个计算机系统的安全性。各个级别的主要特点如下所示。

（一）D 类安全等级

D 类级别是最低的安全级别，该级别的操作系统没有系统访问和数据访问限制，操作者不需任何账户均可随意进入该系统，同时可以随意访问其他用户的数据文件，因为 D 级别的系统无任何安全性防护，所以属于最不安全的系统。

（二）C 类安全等级

C 类安全等级分为 C1 和 C2 两个子级别。

1. C1 级

该级别也叫作选择性安全保护系统。其主要特点包括以下几点。
①所有的用户都被分组。
②对于每个用户，必须登记后才能使用系统。

③系统必须记录每个用户的登记。

④系统必须对可能破坏自身的操作发出警告。

2. C2 级

C2 级指的是在满足 C1 条件的基础上,增加以下几条要求。

①所有的对象都有且仅有一个物主。

②对每个试图访问对象的操作,都必须检验权限,对于不符合权限要求的访问,必须予以拒绝。

③有且仅有物主和物主指定的用户可以更改权限。

④管理员可以取得对象的所有权,但不能归还。

⑤系统必须保证自身不能被管理员以外的用户改变。

⑥系统必须有能力对所有的操作进行记录,并且只有管理员和由管理员指定的用户可以访问该记录。

(三) B 类安全等级

B 类安全等级分为 B1、B2、B3 三个子级别。

1. B1 级

B1 级指的是在满足 C2 条件的基础上,增加以下几条要求。

①不同的组成员不能访问对方创建的对象,但管理员许可的除外。

②管理员不能取得对象的所有权。

Windows NT 的定制版本可以达到 B 级。

2. B2 级

B2 级在 B1 的基础上,增加以下几条要求。

①所有的用户都被授予一个安全等级。

②安全等级较低的用户不能访问高等级用户创建的对象。

银行的金融系统通常达到 B2 级。

3. B3 级

B3 级指的是在满足 B2 的基础上,使用安装硬件的方法来加强安全。

(四) A 类安全等级

A 级指的是在 B2 的基础上,增加以下要求:系统的整体安全策略一经建立便不能修改。

A级安全性要求过高，目前商品化的操作系统没有达到A级要求的。

二、中国国家标准——《计算机信息安全保护等级划分准则》

《计算机信息安全保护等级划分准则》将计算机信息系统安全保护等级划分为五个级别。

（一）用户自主保护级（第一级）

本级的安全保护机制通过隔离用户与数据，使用户具备自主安全保护能力，保护用户和用户组信息，避免其他用户对数据的非法读写和破坏。

（二）系统审计保护级（第二级）

本级具备第一级的所有安全保护功能，并实施了更细的自主访问控制，它通过登录规程、审计安全性相关事件和隔离资源，使用户对自己的行为负责。

（三）安全标记保护级（第三级）

本级具备第二级的所有安全保护功能，此外，还提供有关安全策略模型、数据标记以及主体对客体强制访问控制的非形式化描述；具有准确地标记输出信息的能力；消除通过测试发现的任何错误。

（四）结构化保护级（第四级）

本级具备第三级的所有安全保护功能，并将安全保护机制划分成关键部分和非关键部分相结合的结构，其中，关键部分直接控制访问者对访问对象的存取。本级系统具有相当强的抗渗透能力。

（五）访问验证保护级（第五级）

本级具备第四级的所有安全保护功能，还提供：①支持安全管理员职能；②扩充审计机制，当发生与安全相关的事件时发出信号；③提供系统恢复机制。本级系统具有很高的抗渗透能力。

第五节 安全策略的制定与实施

一、安全策略

安全策略是指在一个特定的环境里,为保证提供一定级别的安全保护所必需遵守的规则。安全策略模型包括了建立安全环境的三个重要组成部分,即威严的法律、先进的技术、严格的管理。

(一)法律措施

社会法律、法规与手段是安全的基石,这部分用于建立一套安全管理标准和方法,即通过建立与信息安全相关的法律、法规,使非法分子慑于法律,不敢轻举妄动。

(二)技术措施

先进的安全技术是信息安全的根本保证。用户对自身面临的威胁进行风险评估,决定其需要的安全服务种类,选择相应的安全机制,然后集成先进的安全技术。

(三)管理措施

各网络使用机构、企业和单位应建立相宜的信息安全管理方法,加强内部管理,建立审计和跟踪体系,提高整体信息安全意识。安全策略参考与制定原则如表1-1所示。

表1-1 安全策略参考与制定原则

安全策略参考	安全策略的制定原则
网络规划安全策略 网络管理员安全策略 访问服务网络安全策略 远程访问服务网络安全策略 系统用户的安全策略 上网用户的安全策略 远程访问用户的安全策略 直接风险控制安全策略 自适应网络安全策略 智能网络系统安全策略	适应性原则 动态性原则 简单性原则 系统性原则 最小授权原则

二、安全工作的目的

安全工作的目的就是为了在安全法律、法规、政策的支持与指导下，通过采用合适的安全技术与安全管理措施，完成以下任务。

①用访问控制机制，阻止非授权用户进入网络，即"进不来"，从而保证网络系统的可用性。

②使用授权机制，实现对用户的权限控制，即不该拿走的"拿不走"，同时结合内容审计机制，实现对网络资源及信息的可控性。

③使用加密机制，确保信息不暴露给未授权的实体或进程，即"看不懂"，从而实现信息的保密性。

④使用数据完整性鉴别机制，保证只有得到允许的人才能修改数据，而其他人"改不了"，从而保证信息的完整性。

⑤使用审计、监控、防抵赖等安全机制，使攻击者、破坏者、抵赖者"走不脱"，并进一步对网络出现的安全问题提供调查依据和手段，实现信息安全的可审查性。

第二章　操作系统安全

要建立一个安全的信息系统，不仅要考虑具体的安全产品，包括防火墙、安全路由器、安全网关、IP 隧道、虚拟局域网、入侵检测、漏洞扫描、安全测试和监控等产品来被动地封堵安全漏洞，还要特别注意操作系统平台的安全问题。

第一节　操作系统安全概述

一、操作系统安全

操作系统安全的含义是在操作系统的工作范围内，提供尽可能强的访问控制和审计机制，在用户、应用程序以及系统硬件、资源之间进行符合安全政策的调度，限制非法的访问，在整个软件信息系统的最底层进行保护。

（一）操作系统安全的重要性

1. 操作系统安全是应用软件安全的根基

操作系统作为计算机系统的基础软件，是用来管理计算机资源的，它直接利用计算机硬件并为用户提供使用和编程的接口。各种应用软件均建立在操作系统提供的系统软件平台之上，上层的应用软件要想获得运行的高可靠性和信息的完整性、保密性，必须依赖操作系统提供的系统软件，任何想象中的、脱离操作系统的应用软件的高安全性，就如同幻想在沙滩上建立坚不可摧的堡垒一样，毫无根基可言。

2. 操作系统安全是计算机网络系统安全的基础

在网络环境中，网络系统的安全性依赖于网络中各主机系统的安全性，而主机系统的安全性正是由其操作系统的安全性所决定的，没有安全的操作系统的支持，网络安全也毫无根基可言。

（二）安全的操作系统应具备的特征

按照有关信息系统安全标准的定义，安全的操作系统要有如下特征。

①小权限原则：每个特权用户只拥有能进行他的工作的权利。

②主访问控制和强制访问控制：包括保密性访问控制和完整性访问控制。

③安全审计：主要包括对文件和对象访问进行审核以及对文件和目录的审核。

④安全域隔离：保证被隔离的计算机资源不被访问。

（三）操作系统的缺陷

任何操作系统都可能存在种种漏洞，这些漏洞产生的原因很多，主要有以下几种。

①操作系统体系结构本身的缺陷。

②操作系统允许创建进程，甚至可以在网络的节点上进行远程进程的创建和激活，重要的是被创建的进程还有继承创建进程的权利。

③操作系统的守护进程被黑客利用。

④网络文件系统和远程过程调用安全性考虑不足。

⑤有的操作系统还提供了隐蔽的通道。

（四）常用的操作系统

当前计算机操作系统主要包括 UNIX 系统和 Windows 系统。

1. UNIX 操作系统

UNIX 系统是世界上高端计算机广泛使用的操作系统，主要用于工作站、服务器、巨型计算机等高性能计算机中，为用户提供一个高效、灵活的运行环境。但是对个人用户，这个操作系统存在着使用复杂、维护困难等特点，因此，在个人计算机上使用得不多，本书将不做介绍。

2. Windows 操作系统

Windows 操作系统是美国 Microsoft（微软）公司出品的一款新型操作系统，它分为个人操作系统和服务器操作系统两大类。其中个人操作系统包括 Windows 98、Windows Me 和 Windows XP；服务器操作系统包括 Windows NT 和 Windows 2000。Windows 操作系统使用简单、维护方便，尤其是它的图形操作界面让用户倍感舒适。

Windows 操作系统的安全主要包括 Windows 口令的安全、注册表的安全、Windows 的设计漏洞防护等。

二、Windows 系统漏洞简介

漏洞也可称为 BUG，是指某个程序（包括操作系统）在设计时，没有考虑周全而导致在程序使用的过程中因为各种原因引发不可预见的错误。

（一）Windows 操作系统中的漏洞

1. 系统漏洞

这里的系统漏洞是指 Windows 操作系统中所存在的一些不易发现的缺陷。一旦这些缺陷被恶意用户利用，将会造成信息泄露、数据丢失、系统崩溃等严重后果。

2. Windows 中常见的漏洞

Windows 中常见的漏洞包括：①共享文件夹漏洞；②文件格式漏洞；③关机操作漏洞；④创建转储文件漏洞；⑤Windows 服务漏洞以及文件系统漏洞；⑥IDQ、UniCode、1433 端口、FrontPage 扩展默认权限、LSD RPC 溢出等漏洞。

（二）后门

软件公司的设计、编程人员在设计一个功能较复杂的软件时，一般先将整个软件分割为若干模块，然后再单独设计、调试，后门是一个模块的秘密入口。在程序开发期间，后门是设计编程人员为了自便而设置的。软件完成后，编程人员应去掉模块中的后门。但是，由于商业的需要以及程序员的疏忽等种种原因，有些软件的后门实际上并没有去掉。

用户通常无法了解后门的存在，但一旦该软件的"后门"被别有用心的人打开，后果将不堪设想。

（三）端口

在网络技术中，端口（Port）大致有两种意思：第一种是物理意义上的端口，比如，ADSL Modem、集线器、交换机、路由器等用于连接其他网络设备的接口，如 RJ-45 端口、SC 端口等；第二种是逻辑意义上的端口，一般是指 TCP/IP 中的端口，端口号的范围从 0～65535，比如，用于浏览网页服务的 80 端口，用于 FTP 服务的 21 端口等。

网络攻击主要是对逻辑端口的攻击。一些逻辑端口存在着漏洞，很容易遭受到外部的恶意攻击，对于这些端口，在不使用时，一般应该关闭。

（四）如何避免 Windows 中的漏洞

Windows 作为一个庞大的操作系统程序，不仅有前面介绍的常见漏洞，还有许多其他漏洞（包括 Microsoft 公司都不知道的）。我们可以使用及时更新操作系统、关闭常见端口、使用反向代理等方法尽量避免 Windows 操作系统的潜在漏洞。

通过安装补丁更新系统：对于每个被发现的 Windows 漏洞，Microsoft 公司一般都会在其网站上发布相关的补丁程序，用户可以免费下载安装，这是避免黑客利用系统漏洞进行攻击的最简单也是最好的办法。在 Windows 2000 和 Windows XP 中均提供了下载补丁程序的功能。当下载完成后，系统会自动提示，用户只需安装即可。

第二节　Windows 2000 操作系统安全概述

一、Windows 2000 的安全简介

（一）Windows 2000 的主要漏洞

Microsoft 公司的 Windows 2000 操作系统是专为符合工业或政府安全需要而设计的。但是 Windows 2000 的安全问题一直在发生。

在理解如何修补一些 Windows 2000 漏洞之前，需要对系统安全问题有一定的了解。当重新安装一个 Windows 2000 操作系统后，它是处在一个非常不安全的状态的，大多数其他操作系统也是这样。这种不安全的状态最小化了新用户把他们自己的系统锁定的机会（例如，发病率比较高的震荡波病毒），还允许每个组织配置 Windows 2000 的安全性以达到他们的目的。

任何操作系统的主要漏洞都是由于用户和组、文件系统、策略、系统默认值，以及审计都是处于一种待定的状态。Windows 2000 还有一个其他操作系统所不具备的易受攻击的漏洞，即注册表。Windows 2000 的注册表必须要被安全保护。

（二）Windows 2000 的安全机制

Windows 2000 提供的安全功能有：①用户账户；②组账户；③缺省值的安全；④加密（仅对 NTFS 驱动器）；⑤文件和文件夹权限（仅对 NTFS 驱动器）；⑥共享文件夹权限；⑦打印机权限等内容。

Windows 2000 含有很多的安全功能和选项，如果合理地配置它们，那么，Windows 2000 将会是一个很安全的操作系统。后面，我们将分别从初级和中级两个不同的层次来讲述如何加强 Windows 2000 的主机安全。

二、Windows 2000 主机的初级安全

（一）物理安全

重要的服务器应该安放在安装了监视器的隔离房间内，并且监视器要保留 15 天以上的摄像记录。另外，机箱、键盘和计算机桌抽屉要上锁，以确保旁人即使进入房间也无法使用计算机，钥匙要放置在其他安全的地方保管。

（二）停掉 Guest 账号

在计算机管理的用户里面把 Guest 账号停用掉，任何时候都不允许 Guest 账号登录系统。为了保险起见，最好给 Guest 加一个复杂的密码。

（三）限制不必要的用户数量

去掉 Duplicate User 账户、测试用账户、共享账号、普通部门账号等。使用用户组策略设置相应权限，并且经常检查系统的账户，删除已经不再使用的账户。这些账户很多时候都是黑客们入侵系统的突破口，系统的账户越多，黑客们得到合法用户权限的可能性一般也就越大。国内的 Windows NT/2000 主机，如果系统账户超过 10 个，一般都能找出一两个弱口令账户。

（四）创建两个管理员用账号

虽然这点看上去和上面观点有些矛盾，但事实上是服从上面的规则的。创建一个一般权限账号用来收信以及处理一些日常事务，另一个 Administrators 权限的账号则只在需要的时候使用。可以让管理员使用"Runas"命令来执行一些需要特权才能做的一些工作，以方便管理。

（五）把系统 Administrator 账号改名

Windows 2000 的 Administrator 账号是不能被停用的，这意味着攻击者可

以一遍又一遍地尝试这个账号的密码。把 Administrator 账户改名可以有效地防止这一点。当然，请不要使用 Admin 之类的名字，尽量把它伪装成普通用户。

（六）创建一个陷阱账号

创建一个名为"Administrator"的本地账户，把它的权限设置成最低，并且加上一个超过 10 位的超级复杂的密码。这样可以更好地发现黑客，并且可以借此发现他们的入侵企图。

（七）共享文件的权限从"Everyone"组改成"授权用户"

"Everyone"在 Windows 2000 中意味着任何有权进入网络的用户都能够获得这些共享资料。任何时候都不要把共享文件的用户设置成"Everyone"组。打印共享默认的属性就是"Everyone"组的。

（八）使用安全密码

一个好的密码对于一个网络来说是非常重要的，但是它是最容易被忽略的。一些公司的管理员创建账号的时候往往用公司名、计算机名，或者一些别的一猜就猜到的东西做用户名，然后又把这些账户的密码设置得过于简单。这样的账户应该要求用户首次登录的时候更改成复杂的密码，还要注意经常改密码。

（九）设置屏幕保护密码

设置屏幕保护密码也是防止内部人员破坏服务器的一个屏障。注意不要使用 OpenGL 和一些复杂的屏幕保护程序浪费系统资源。还有一点，所有用户所使用的机器也最好加上屏幕保护密码。

（十）使用 NTFS 格式的分区

把服务器所有的分区都改成 NTFS 格式的。NTFS 文件系统要比 FAT、FAT 32 的文件系统安全得多。

（十一）保障备份盘的安全

一旦系统资料被破坏，备份盘将是你恢复资料的唯一途径。备份完资料后，把备份盘放在安全的地方。切记不能把资料备份在同一台服务器上。

（十二）运行病毒软件

这种措施的重要性不言而喻，对于任何操作系统都适用。要注意的是要经常升级病毒库。

三、Windows 2000 主机的中级安全

Microsoft 公司提供了一套基于 MMC（微软管理控制台）的安全配置和分析工具，利用这些工具可以很方便地配置服务器以满足要求。

（一）关闭不必要的服务

Windows 2000 的终端服务（Terminal Services），因特网信息服务（Internet InformationService，IIS）和远程访问服务（Remote Access Service，RAS）都可能给系统带来安全漏洞。为能够在远程方便地管理服务器，很多机器的终端服务都是开着的，要确认已经正确地配置了终端服务。有些恶意的程序也能以服务方式悄悄地运行。要留意服务器上开启的所有服务，周期性地检查它们。

（二）关闭不必要的端口

关闭端口意味着减少功能，所以在安全和功能上需要做一点权衡。如果服务器安装在防火墙的后面，那么冒险就会少些。用端口扫描器扫描系统所有开放的端口，确定开放了哪些服务是黑客入侵的第一步。在系统目录中的 \system32\drivers\etc\services 文件中有知名端口和服务的对照表可供参考。具体方法为：网上邻居→属性→本地连接→属性→Internet 协议（TCP/IP）→属性→高级→选项→TCP/IP 筛选→属性，添加需要的 TCP、UDP 即可。

（三）打开审核策略

首先，开启安全审核是 Windows 2000 最基本的入侵检测方法。当有人尝试对系统进行某些方式（例如，尝试用户密码、改变账户策略、未经许可的文件访问等）的入侵的时候，都会被安全审核记录下来。表 2-1 所示的这些审核是必须开启的，其他的可以根据需要增加。

表 2-1 审核表

策略	设置
审核系统登录事件	成功，失败
审核账户管理	成功，失败
审核登录事件	成功，失败
审核对象访问	成功
审核策略更改	成功，失败
审核特权使用	成功，失败
审核系统事件	成功，失败

其次，在事件查看器中，通过使用事件日志，可以收集有关硬件、软件、系统问题方面的信息，并监视 Windows 2000 安全事件。启动这些安全策略后，就可以通过 Windows 中的事件日志查看相关的日志。

Windows 2000 用 3 种类型的日志记录事件。

①应用程序日志。应用程序日志包括由应用程序或一段程序记录的事件。例如，数据库程序用应用程序日志来记录文件错误。

②系统日志。系统日志包含由 Windows 2000 系统组件记录的事件。例如，在系统日志中记录启动期间要加载的驱动程序或其他系统组件的故障。系统组件记录的事件类型是预先确定的。

③安全日志。安全日志可以记录诸如有效和无效的登录尝试等安全事件，以及与资源使用有关的事件。例如，创建、打开或删除文件。管理员可以指定在安全日志中记录的事件。例如，如果启用了登录审核，那么系统登录尝试就记录在安全日志中。

最后，如果启动了审核登录失败，那么在安全日志中就会有相应信息的记录。双击右边的某一条记录，就可以看到该条记录详细的信息。如果有人试图匿名登录计算机，则在此事件的属性中就可以看到具体的记录，如登录日期、时间、登录时使用的用户名等。

（四）开启密码策略

开户密码策略如表 2-2 所示。

表 2-2　开启密码策略

策略	设置
密码复杂性要求	启用
密码长度最小值	6 位
强制密码历史	5 次
强制密码最长存留期	42 天

（五）开启账户策略

开户账户策略如表 2-3 所示。

表 2-3　开启账户策略

策略	设置
复位账户锁定计数器	20 分钟
账户锁定时间	20 分钟
账户锁定阈值	3 次

（六）设定安全记录的访问权限

安全记录在默认的情况下是没有保护的，把它设置成只有 Administrator 和系统账户才有权访问。

（七）把敏感文件存放在另外的文件服务器中

虽然现在的服务器的硬盘容量都很大，但还是应该考虑是否有必要把一些重要的用户数据（文件、数据表、项目文件等）存放在另外一台更安全的服务器中，同时应该注意经常性地备份它们。

第三节　Windows XP 操作系统安全概述

一、Windows XP 安全隐患

Windows XP 安全隐患主要发生在以下几方面。

（一）FAT 32 文件系统

凡是新买的机器，许多硬盘驱动器都被格式化成 FAT 32。要想提高安全性，可以把 FAT 32 文件系统转换成 NTFS。NTFS 允许更全面、细粒度更高地控制文件和文件夹的权限，进而还可以使用加密文件系统（Encrypting File System，EFS），从文件分区这一层次保证数据不被窃取。

在"我的电脑"中用鼠标右键点击驱动器并选择"属性"选项，可以查看驱动器当前的文件系统。如果要把文件系统转换成 NTFS，先备份以下重要的文件，选择菜单"开始"→"运行"选项，输入 cmd，点击"确定"。然后，在命令行窗口中，执行 convert x：/fs：ntfs（其中 x 是驱动器的盘符）。

（二）Guest 账户

Guest 账户即所谓的来宾账户，它可以访问计算机，但受到限制。不幸的是，Guest 账户也为黑客入侵打开了方便之门。

如果不需要用到 Guest 账户，最好禁用它。在 Windows XP 专业版中，首先，依次打开"控制面板"→"管理工具"→"计算机管理"，然后在左边列表中找到"本地用户和组"并点击其中的"用户"，再在右边窗格中，双击 Guest 账户，选中"账户已停用"选项。Windows XP 家庭版不允许停用 Guest 账户，但允许为 Guest 账户设置密码：首先在命令行环境中执行 Net user guest password 命

令，然后进入"控制面板"→"用户设置"选项，设置 Guest 账户的密码。

（三）Administrator 账户

与 Windows 2000 系统相类似，黑客入侵的常用手段就是试图获得 Administrator 账户的密码。每一台计算机至少需要一个账户拥有 Administrator（管理员）权限，但不一定非用"Administrator"这个名称不可。

无论是在 Windows XP 家庭版还是专业版中，最后都要创建另一个拥有全部权限的账户，然后停用 Administrator 账户。另外，在 Windows XP 家庭版中，修改一下默认的所有者账户名称。最后，不要忘记为所有账户设置足够复杂的密码。

（四）交换条件

即使你的操作完全正常，Windows XP 也会泄露重要的机密数据（包括密码）。也许你永远不会想看一下这些泄露机密的文件，但黑客肯定会。

首先要做的是，在关机的时候清除系统的页面文件（交换文件）。点击 Windows 的"开始"菜单，选择"运行"选项，执行 Regedit。在注册表中找到 HKEY-Local-Machine\System\CurrentControlSet\Control\Session Manager\Memory\Management，然后创建或修改 ClearPageFileAtShutdown，把这个 DWORD 值设置为 1。

（五）转储文件

系统在遇到严重问题时，会把内存中的数据保存到转储文件中。转储文件的作用是帮助人们分析系统遇到的问题，但对一般用户来说没有用；另一方面，就像交换文件一样，转储文件可能泄露许多敏感数据。

禁止 Windows 创建转储文件的步骤如下：依次打开"控制面板""系统"，"高级"选项，然后点击"启动和故障恢复"选项下面的"设置"按钮，将"写入调试信息"这一栏设置成"无"。类似于转储文件，Dr.Watson 也会在应用程序出错时保存调试信息。禁用 Dr.Watson 的步骤是：在注册表中找到 HKEY-Local-Machine\Software\Microsoft\WindowsNT\CurrentVersion\AeDebug，把 Auto 值改成"0"。然后在 Windows 资源管理器中打开 Documents and Settings\All Users\SharedDocuments\DrWatson，删除 User.dmp、Drwtsn32.log 这两个文件。

（六）多余的服务

为了方便用户，Windows XP 默认启动了许多不一定能用到的服务，同时

第二章　操作系统安全

也打开了入侵系统的后门。如果你不用这些服务，最好关闭它们。这些服务主要有以下几种：

① Net-Meeting Remote Desktop Sharing；

② Remote Desktop Help Session Manager；

③ Remote Registry；

④ Routing and Remote Access；

⑤ SSDP Discovery Service；

⑥ Telnet；

⑦ Universal Plug and Play Device Host。

依次打开"控制面板""管理工具""服务"选项，可以看到有关这些服务的说明和运行状态。要关闭一个服务，只用鼠标右键点击服务名称并选择"属性"菜单，在"常规"选项卡中把"启动类型"改成"手动"，再点击"停止"按钮。

二、Windows XP 安全策略

上文大致总结了 Windows XP 的一些安全隐患和简单的解决方法，下面对 Windows XP 的总体安全设置进行简单介绍。

（一）启用电源保护功能

使用计算机处理文件时，最担心的就是计算机突然掉电。掉电不但会使自己操作的成果消失，严重的还可能会使计算机受到损伤。为了防止意外掉电，保证计算机的安全正常工作，我们应该在电源管理中启用"按下电源按钮时询问或直接休眠"的功能。

启动电源保护功能：用鼠标在 Windows XP 的桌面上依次单击"我的电脑""控制面板""电源选项"，在弹出的设置框中选择"高级"选项，找到"按下计算机电源按钮时"设置项，然后在设置框中选择"休眠"或者"问我要做什么"选项（如果选择"关机"选项的话，就等于没有启用电源保护功能），单击"确定"按钮。

（二）对重要信息进行加密

为防止其他人在使用自己的计算机时偷看你存储在计算机中的文件信息，Windows XP 特意为普通用户提供了"文件和文件夹加密"功能，利用该功能可以对存储在计算机中的重要信息进行加密。这样，其他用户在没有密码的情

况下是无法访问文件或者文件夹中的内容的。

在对文件进行加密时，我们首先打开 Windows XP 的资源管理器，在资源管理器操作窗口中找到需要进行加密的文件或者文件夹，然后用鼠标右键单击选中的文件或文件夹，从弹出的快捷菜单中选择"属性"命令，随后 Windows XP 会弹出文件加密对话框，单击对话框中的"常规"标签，再依次选择"高级""加密内容以便保护数据"就可以了。

（三）锁定计算机

如果在使用电脑的过程中因有急事需要短暂离开电脑，许多人因担心自己的电脑会被别人占用，往往会采取先关机后再离开，回来再开机的办法来处理，但这样频繁开关机器对电脑是不利的。怎样能既不关机又能防止其他人使用自己的计算机呢？可以通过双击桌面快捷方式来迅速锁定键盘和显示器，而无须使用 Ctrl+Alt+Del 组合键或屏幕保护程序。

可参照如下的步骤来执行：先用鼠标右键单击 Windows XP 的桌面，然后再点右键菜单中依次选择"新建""快捷方式"，随后按照屏幕提示，在命令行的文本框中输入"rundll32.exe user32.dll，LockWorkStation"命令字符，再在随后的向导窗口中输入对应该快捷方式的具体名称，为方便以后调用，可以直接为该快捷方式取名为"锁定计算机"就可以了。以后只要双击桌面上的"锁定计算机"，就可以达到锁定的目的了。

（四）随时启用屏保程序

看到"屏保"二字，大家肯定会很自然地想到计算机中的屏幕保护程序，它主要是通过采用不同方式轮流显示指定图片来达到屏幕保护的目的。但是只有当不操作电脑达到事先设置的时间后，系统才会启动屏幕保护程序，如果我们想在任意指定的时间内启动屏幕保护程序，需要进行以下设置。

在 Windows XP 的开始菜单中，依次单击"开始""搜索""文件或文件夹"命令，然后在弹出的搜索对话框中，点击"所有文件和文件夹"类型，并在对应文件名的文本框中输入"*.scr"字符，再在"搜索范围"下拉列表中，选择"本机磁盘（C）"或计算机上存储系统文件的驱动器，最后单击"搜索"按钮，在找到的屏幕保护程序列表中，选择需要的屏保程序，给这个屏保程序建立一个存放在桌面上的快捷方式，以后要启动屏保程序时，直接双击桌面上的屏保快捷方式就可以。

（五）使用"连接防火墙"功能

为了防止病毒和黑客的随意入侵，不少用户在自己的计算机中都安装了防火墙。而 Windows XP 自带免费的"Internet 连接防火墙"功能，利用该功能，Windows XP 能对出入系统的所有信息进行动态数据包筛选，允许系统同意访问的人与数据进入自己的内部网络，同时将不允许的用户与数据拒之门外，最大限度地阻止网络中的黑客来访问自己的网络，防止他们随意更改、移动甚至删除网络上的重要信息。

在使用"连接防火墙"功能时，可依次单击开始菜单中的"设置""网络连接"菜单项，然后从弹出的窗口中选择需要上网的拨号连接，再用鼠标右键单击该连接图标，并选择"属性"命令，在随后弹出的拨号属性窗口中再单击"高级"标签，在对应标签的页面选中"Internet 连接防火墙"选项，然后再单击对应防火墙的"设置"按钮，来根据自己的要求设置一下防火墙，以便防火墙能更高效的工作。

（六）为自己分配管理权限

安装在 Windows XP 操作系统中的许多程序，都要求用户具有一定的管理权限才能让用户使用程序，因此为了能够使用好程序，我们有时需要为自己临时分配一个访问程序的管理权限。

在分配管理权限时，可先以普通用户身份登录到 Windows XP 的系统中，然后用鼠标右键单击程序安装文件，同时按住键盘上的 Shift 键，从随后出现的快捷菜单中点击"运行方式"，最后在弹出的窗口中输入具有相应管理权限的用户名和密码就可以了。

（七）消除系统假死现象

在操作 Windows XP 的应用程序时，由于操作不当或者系统本身的问题，导致了操作的程序很长时间没有响应，许多人以为计算机肯定是死机了，于是不少人选择了直接关机或者使用 Ctrl+Alt+Delete 来重新启动计算机。

在 Windows XP 中，有些不能正常运行的程序会引起系统任务栏的假死，这种现象主要是由于当前执行的程序与系统无法兼容引起的。遇到这种现象时，我们可以找到该程序的执行文件，然后单击鼠标右键，在弹出的对话框中选择"兼容性"标签，再在"兼容模式"下选择相应需要的运行环境。

第三章 数据库安全

第一节 数据库安全概述

数据库安全主要是指数据库的任何部分都不允许受到侵害以及防止未授权的存取与修改。

一、数据库简介

（一）数据库系统

数据库系统是一个可运行的存储、维护和为应用系统提供数据的软件系统，是存储介质、处理对象和管理系统的集合体。它通常由软件、数据库和数据管理员组成，其软件主要包括操作系统、各种宿主语言、实用程序以及数据库管理系统。

数据库是依照某种数据模型组织起来并存放在二级存储器中的数据集合，这些数据为多个应用服务，独立于具体的应用程序。数据库由数据库管理系统统一管理，数据的插入、修改和检索均要通过数据库管理系统进行。数据库管理系统是一种系统软件，它的主要功能是维护数据库并有效地访问数据库中任意部分数据。对数据库的维护包括保持数据的完整性、一致性和安全性。数据管理员负责创建、监控和维护整个数据库，使数据能被任何有权使用的人有效使用。数据库管理员一般是由业务水平较高、资历较深的人员担任。

数据库系统的个体含义是指一个具体的数据库管理系统软件和用它建立起来的数据库，它的学科含义是指研究、开发、建立、维护和应用数据库系统所涉及的理论、方法、技术所构成的学科。在这一含义下，数据库系统是软件研究领域的一个重要分支，常称为数据库领域。

（二）数据库、数据库管理系统和数据库系统

数据库、数据库管理系统和数据库系统三个概念之间既有联系又有区别，数据库管理系统的强弱决定数据库系统的优劣。

1. 数据库

数据库（Database）是长期存储在计算机内、有组织、可共享的数据集合。数据库中的数据是按一定的数据模型组织、描述和存储的，具有冗余度低、独立性高、易于扩充、修改方便、数据共享等优点。

2. 数据库管理系统

数据库管理系统（DBMS）是位于用户和操作系统之间的一层数据管理软件，它由系统运行控制程序、语言翻译程序和一组公用程序组成。其功能主要包括：①有正确的编译功能，能正确执行规定的操作；②能正确执行数据库命令，保证数据的安全性、完整性，能抵御一定程度的物理破坏，能维护和提交数据库内容；③能识别用户，分配授权和进行访问控制，包括身份识别和验证；④顺利执行数据库访问，保证网络通信功能。

3. 数据库系统

数据库系统（DBS）通常是指带有数据库的计算机系统。广义地讲它包括：①数据库；②计算机系统及相关的外部设备等硬件；③数据库管理系统等软件和数据库系统管理员、数据库系统安全员、数据库系统操作员、数据库用户等各类相关人员。

（三）几种流行的数据库系统

目前，在世界范围内使用最广泛的是经典的关系数据库系统，比较知名的有 Sybase、Oracle、Informix、Microsoft SQL Server、IBM UDB/DB2 等。

1. Microsoft SQL Server

Microsoft SQL Server 是一种比较好学的数据库，适合中小型企业的数据库系统使用，用户很容易就能初步使用 Microsoft SQL Sever。

2. Oracle

Oracle 是一种比较难学的数据库。目前 Oracle 在大中型企业的关键应用很广泛。Oracle 可以运行在 Windows NT、Sun Solaris、Linux 等平台。Oracle

不太友善的界面一般要求用户不仅仅熟悉 NT，还要熟悉 UNIX，而且成箱的 Oracle 产品资料可能也是一个障碍。

3. IBM UDB/DB2

IBM UDB/DB2 一种性能优异的数据库，不仅可用于小型的商业系统，还可用于大的银行系统。DB2 可以运行在 Intel 架构上，也可以运行在 IBM 的 S/390 大型计算机上。

4. Sybase

Sybase 即将发布的 Sybase ASE 12.0，直接面向 Java 程序员。这种以 Java 为中心的数据库系统，为那些准备在 Java 平台下构建企业应用的企业来说，将是最好的选择。但是 ASE 称不上是一个数据库领域的领先者，尽管相对于它以前的版本已经改进很多，并支持多个 CPU 和更多的开发，以及很多新的特性，但是 Sybase 的风光似乎已经不在。

二、数据库安全的重要性

数据库是电子商务、电子政务、金融以及 ERP 系统的基础，通常都保存着重要的商业伙伴和用户的信息。但是数据库通常没有像操作系统和网络那样在安全性上受到重视。数据库安全的重要性主要体现在以下几个方面。

（一）敏感信息和数据资产需要保护

大多数企业、组织以及政府部门的电子数据都保存在各种数据库中。这些数据库通常保存一些员工薪水、医疗记录、员工信息等个人资料；掌握着敏感的金融数据，如交易记录、商业事务和账户数据，战略上的或者专业的信息（如专业和工程数据）；保存着员工的详细资料（如银行账户、信用卡号码）以及商业伙伴的资料。

（二）数据库同系统紧密相关并且更难正确的配置和保护

数据库应用程序通常都同操作系统的最高管理员密切相关。比如 Oracle、Sybase、MS SQL Server 数据库都有下面这些特点：用户账户和密码，认证系统，授权模块和数据对象的许可控制，内置命令（存储过程），特定的脚本和程序语言（通常派生自 SQL），中间件，网络协议，补丁和服务包，数据库管理和开发工具。许多数据库管理员（DBA）都是全天工作来管理这些复杂的系统。但是，安全漏洞和不当的配置通常会造成严重的后果，而且都难以实现。一些安全公司也忽略数据库安全，数据专家又不把安全作为主要职责。"网络安全适应性"哲学——把安全当作持续过程而不是一次性的检查，还没有被数据库管理员认可。

（三）数据库系统在很多方面被误用或者有漏洞影响到安全

安全专家认为只要把网络和操作系统的安全搞好了，那么所有的应用程序也就安全了。现在的数据库系统都有很多方面被误用或者漏洞影响到安全：一是这些关系数据库都是"端口"型的，这就表示任何人都能够用分析工具连接到数据库上；二是多数数据库系统也有公开的默认账号和默认密码。这两个特性严重地危害着数据库的安全。

（四）少数数据库安全漏洞威胁着网络安全低层

有些数据库提供机制威胁着网络安全低层。比如，某公司的数据库里面保存着所有技术文档、手册和白皮书，如果不认识到数据库安全的重要性，那么，即使运行在一个非常安全的操作系统上，入侵者只需要执行一些内置在数据库中的扩展存储过程，就可能通过数据库获得操作系统权限。这些存储过程能提供一些执行操作系统命令的接口，而且能访问所有的系统资源，如果这个数据库服务器还同其他服务器建立着信任关系，那么，入侵者就能够对整个域机器的安全产生严重威胁。

（五）数据库是电子商务、ERP 系统和其他重要的商业系统的基础

许多电子交易和电子商务的焦点都放在 Web 服务、Java 和其他技术上，那么，对于以关系数据库为基础的客户系统和 B2B 系统，数据库就显得更加重要，其安全将直接关系到系统可靠性、数据事务完整性和保密性。系统如果出现问题，将不仅对交易产生影响，同时也影响着公司的形象。这些系统需要对所有合作伙伴和客户信息的保密性负责，但它们又同时是对入侵者开放的。另外，ERP 和像 SAP R/3 这样的管理系统都是建立在一些基本数据库系统上的，所以安全问题将直接和维护时间、系统完整性和客户信任密切相关。

第二节　数据库安全面临的威胁

一、数据库安全的主要威胁

和操作系统一样，数据库也存在着多个方面的不安全性，对数据库构成的威胁主要有窃取、篡改和损坏。

（一）窃取

窃取一般是指数据库中重要的数据被盗窃，如数据被复制到软盘、U盘或数据被打印后取走。

出现窃取的主要原因有：对单位不满的员工的窃取、商业间谍的窃取等。加强安全管理是可以避免窃取的有效措施。

（二）篡改

篡改一般是指数据库中的数据在未经授权的情况下被进行了修改，使其失去原来的真实性。篡改形式具有多样性，主要是人为因素造成的，等发现时多数会造成较大（或巨大）的损失。

出现篡改的主要原因有：操作者的无知或恶作剧、隐藏个人证据、商业间谍或竞争对手的破坏。

（三）损坏

损坏一般是指网络系统中数据的损失。其表现的形式是：数据表和整个数据库部分（或全部）被删除、移走或破坏，是数据库安全性所面对的一个最严重的威胁。产生损坏的原因主要有恶作剧、破坏和计算机病毒。

恶作剧往往是使用者出于爱好或好奇给数据造成损坏。他们通过某种方式访问数据的程序，对数据做极小的修改，可能使全部数据变得不可读。

破坏往往都带有明确的作案动机，对付起来既容易又困难，说它容易是因为可以用简单的策略就可防范这类破坏分子，说它难是因为不知道这些破坏的人是来自内部的还是外部的，既有认识的又有不认识的，很难说得清楚。

计算机病毒是对网络中数据库潜在威胁最大的因素，可采取限制来自外部的数据源、磁盘或在线服务的访问，并采用性能好的防病毒软件对所有引入的数据进行强制性的检查，来保护数据库不被病毒感染。

二、常用数据库服务器的安全漏洞

下面列出一些常用数据库服务器安全漏洞和配置缺陷。

（一）安全特性缺陷

大多数关系数据库已经存在 10 多年了，都是成熟的产品。不幸的是，IT 和安全专家对网络和操作系统要求的许多特性在多数关系数据库上还没有被使用，很多常见数据库没有内置一些基本安全策略。常见数据库安全状况如表 3-1 所示。

表 3-1 常见数据库安全状况

安全策略	MS SQL Server	Sybase	Oracle7i	Oracle8i
账号锁定	NO	NO	NO	YES
管理员账号重命名	NO	NO	NO	NO
账号健壮性要求	NO	NO	NO	NO
账号失效	NO	NO	NO	NO
密码失效	NO	YES	YES	YES
登录时间限制	NO	NO	NO	NO

由于这些数据库都是"端口性"的，操作系统核心安全机制不提供给数据库的网络连接，比如，MS SQL Server，可以使用 Windows NT 的安全机制来弥补上面的缺陷。但是，多数运行 MS SQL Server 的环境并不一定都是 100% 的 Windows NT。执行又是另一个问题，如果在运行 Oracle 8i，管理员不会知道这些安全特性是否正在被使用。

上面列举这些特性连起来将更加严重。由于系统管理员账号不能改变（SQL Server 和 Sybase 是"sa"，Oracle 是"system"和"sys"），如果没有设置密码，入侵者就能直接登录并攻击数据库服务器，没有任何东西能够阻止他们获得更高权限的系统账号。

（二）其他缺陷

此外，数据库账号管理、操作系统后门、审核、木马等也是数据库面临的威胁。

除了上面的安全威胁以外，数据库还有可能会受到其他攻击：突破 script 的限制、对 SQL 的突破、利用多语句执行漏洞、SQL Server 装完后自动创建一个管理用户 sa，密码为空等。

三、数据库安全需求

对于数据库管理员来说,数据库的安全需求包括数据库系统的内部安全性和外部安全性。

(一)内部安全性

内部安全性主要是指保证数据目录访问的安全。应该保护的内容如下所示。

1. 数据库文件

很明显,要维护服务器管理的数据库的私用性,数据库拥有者通常并且必须考虑数据库文件的安全性。

2. 日志文件

一般和更新日志必须保证安全,因为他们包含查询文本,对日志文件有访问权限的任何人可以监视数据库进行过的操作。

(二)外部安全性

外部安全性主要指保证网络访问的安全。

第三节 数据库安全技术

一、数据库安全策略

数据库安全策略是涉及信息安全的高级指导方针,这些策略根据用户需要、安装环境、建立规则和法律等方面的限制来制定。

数据库系统的基本安全性策略主要是一些基本性安全的问题,如访问控制、伪装数据的排除、用户的认证、可靠性,这些问题是整个安全性问题的基本问题。数据库的安全策略主要包含以下几个方面。

(一)保证数据库存在安全

数据库是建立在主机硬件、操作系统和网络上的系统,因此要保证数据库安全,就应该确保数据库存在安全。预防因主机掉电或其他原因引起死机、操作系统内存泄漏和网络遭受攻击等不安全因素是保证数据库安全不受威胁的基础。

（二）保证数据库使用安全

数据库使用安全是指数据库的完整性、保密性和可用性。其中，完整性既适用数据库的个别元素，又适用整个数据库，所以在数据库管理系统的设计中完整性是主要的关心对象；保密性由于攻击的存在而变成数据库的一大问题，用户可以间接访问敏感数据库；另外，因为共享访问的需要是开发数据库的基础，所以可用性是重要的，但是可用性与保密性是相互冲突的。

二、数据库系统的安全技术

数据库系统的安全除依赖自身内部的安全机制外，还与外部网络环境、应用环境、从业人员素质等因素息息相关。因此，从广义上讲，数据库系统的安全框架可以划分为三个层次：①网络系统层次；②宿主操作系统层次；③数据库管理系统层次。

这三个层次构筑成数据库系统的安全体系，与数据安全的关系是逐步紧密的，防范的重要性也逐层加强，从外到内、由表及里保证数据的安全。下面简单介绍一下网络系统层次安全面临威胁和网络系统层次安全技术。

（一）网络系统层次安全面临的威胁

从广义上讲，数据库的安全首先依赖于网络系统。网络系统的安全是数据库安全的第一道屏障，外部入侵首先就是从入侵网络系统开始的。

①计算机网络系统开放式环境面临的威胁主要有以下几种类型：欺骗（Masquerade）、重发（Replay）、报文修改（Modification of Message）、拒绝服务（Deny of Server）、陷阱门（Trapdoor）、特洛伊木马（Trojan horse）；攻击，如透纳攻击（Tunneling Attack）、应用软件攻击等。

②这些安全威胁是无时、无处不在的，因此必须采取有效的措施来保障系统的安全。

（二）网络系统层次安全技术

从技术角度讲，网络系统层次的安全防范技术有很多种，大致可以分为防火墙、入侵检测、协作式入侵检测技术等。

1. 防火墙

防火墙是应用最广的一种防范技术。作为系统的第一道防线，其主要作用是监控可信任网络和不可信网络之间的访问通道，可在内部与外部网络之间形成一道防护屏障，拦截来自外部的非法访问并阻止内部信息的外泄，但它无法阻拦来自网络内部的非法操作。它根据事先设定的规则来确定是否拦截信息流的进出，但却无法动态识别，因而其智能化程度很有限。

2. 入侵检测

入侵检测系统（IDS，Instrusion Detection）是近年来发展起来的一种防范技术，综合采用了统计技术、规则方法、网络通信技术、人工智能、密码学、推理等技术和方法，其作用是监控网络和计算机系统是否出现被入侵或滥用的征兆。1987年，德洛希·丹宁（Derothy Denning）首次提出了一种检测入侵的思想，经过不断发展和完善，已被作为监控和识别攻击的标准解决方案，IDS已经成为安全防御系统的重要组成部分。入侵检测采用的分析技术可分为三大类：签名、统计和数据完整性分析法。

3. 协作式入侵检测技术

独立的入侵检测系统不能够对广泛发生的各种入侵活动都做出有效的检测和反应，为了弥补独立运作的不足，人们提出了协作式入侵检测系统的想法。在协作式入侵检测系统中，IDS 基于一种统一的规范，入侵检测组件之间自动地交换信息，并且通过信息的交换得到了对入侵的有效检测，可以应用于不同的网络环境。

三、SQL Server 安全技术

Microsoft 建立了一种既灵活又强大的安全管理机制，它能够对用户访问 SQL Server 服务器系统和数据库的安全进行全面的管理。

（一）SQL Server 安全技术

SQL Server 安全技术主要包括以下几点。

①验证方法选择。
② Web 环境中的验证。
③设置全局组。
④允许数据库访问。
⑤分配权限。
⑥简化安全管理。

（二）SQL Server 的简化经验规则

SQL Server 的简化经验规则如下所示。

①用户通过 SQL Server Users 组获得服务器访问权限，通过 DB-Name Users 组获得数据库访问权限。

②用户通过加入全局组获得权限，而全局组通过加入角色获得权限，角色直接拥有数据库里的权限。

③需要多种权限的用户通过加入多个全局组的方式获得权限。

第四节　灾难恢复与数据库备份

随着信息时代和因特网技术的飞速发展，企业的信息数据也急剧增长。如何避免突如其来的数据破坏（如黑客攻击、病毒袭击、硬件故障和人为误操作等），提高数据的安全性和数据恢复能力一直是用户和厂商关注的焦点。

一、灾难恢复的概念

数据库系统应对故障有两种办法：①是尽可能提高系统的可靠性；②是在系统发生故障后，利用备份把数据库恢复至原来的状态。

（一）容错能力

容错能力是指在系统出现各种软硬件故障或天灾人祸时，系统具有的在不间断运行的情况下保护正在运行的工作和维持正常（或近似正常）工作与服务的能力。保证数据的可用性、服务的可用性是容错的一个重要内容。容错的主要方法包括实施 RAID、采用集群、使用 UPS 等。

（二）灾难保护

灾难保护是指在机器出现故障时尽最大可能保护重要的数据和资源不受破坏，使得在恢复正常运行时数据是可用的，不会因故障而丢失数据。另外，灾难保护也包括当出现故障时使损失最小并不影响其他服务器或资源运行的工作。

（三）灾难恢复

当灾难发生之后应该尽快地修复数据库并使其恢复到正常的工作中去，并且尽最大可能恢复到灾难发生之前的状态。除此之外，还应当分析故障发生的原因，为以后的预防提供解决方案，尽量使同样的问题不要反复出现。

二、数据库备份

备份是恢复数据最容易和最有效的保证方法，备份应定期进行，并执行有效的数据管理。Microsoft 公司的 SQL Server 是一个功能完善的数据库管理系统，由于和 Windows 操作系统无缝结合，操作简便易行，应用十分广泛。下面以 SQL Server 为例，介绍基于 NT 的 SQL server 的备份与数据恢复的有效方法。

（一）服务器系统的备份

由于数据库服务器中安装的系统较多，设置复杂，如出现硬件故障，则必须重装系统，恢复设置，因此必须对数据库服务器进行备份。

1. 使用 NT Server 提供的功能

在防止数据丢失方面，NT 的磁盘管理器具有强大的功能，它支持 RAID 的第 0、1、5 级。其中 RAID 1 级是指把一个驱动器上的某一分区在另一个分区上建立一个镜像。进行写操作时，数据将向两个磁盘中写入同样的数据，读取时可以从两个磁盘同时读取，当驱动器损坏时，由它的镜像来进行恢复。

2. 使用第三方备份工具

采用其他公司的备份软件来对服务器系统做备份。如使用赛门铁克公司的磁盘备份工具——Ghost。该软件可以直接将磁盘上的某个分区或整个硬盘克隆成一个镜像文件，然后把它存放在其他地方，当该分区或硬盘出现问题甚至毁坏时，使用 Ghost 在另一硬盘或分区上利用镜像文件快速还原。

（二）SQL Server 数据库备份

在本地机上进行数据库备份的操作步骤如下所示。

①先确认 SQL Server 服务是否已经启动，如果没有启动，则使用 SQL Server 程序管理器启动，然后打开"企业管理器"，鼠标右键单击左窗格的"数据库"图标，在菜单中选择"所有任务"选项中的"备份数据库"子选项，出现数据库备份界面。

②选好要备份的数据库及备份方式后，单击"添加"按钮，在对话框中设置好存放目录及文件名，单击"确定"按钮。如果要设置定期自动备份，可在"Schedule"中设置，完毕后单击"确定"按钮，数据库备份就开始了。

（三）在本地机上进行数据库恢复

①启动"企业管理器"，展开其中的选项，选择"数据库"，单击鼠标右键，

在对话框中选择"所有任务"选项中的"还原数据库"。

②选择要恢复的数据库文件。选择完毕后，再选择最近的一次备份，然后单击"确定"，数据库恢复过程开始执行。

（四）将数据库导出到网络上的另一台计算机进行备份与恢复

①先在网络上的另一台计算机上安装一个新的 SQL Server，并启动它建立好数据库结构。

②在本机上启动"企业管理器"，在左边的目录栏中选中"SQL Server 组"单击鼠标右键，在对话框中选择"新建 SQL Server 注册"，进入注册向导，输入目标 SQL Server 的计算机名后，填写登录 ID 和密码，将目标 SQL Server 注册在本机的"SQL Server 组"中。然后选择"数据库"中需要备份的数据库标志，单击鼠标右键，在对话框选择"所有任务"中的"输出数据"选项。

③在弹出"DTS 导入/导出向导"界面后，单击"下一步"按钮，选择需要备份的数据库，接着单击"下一步"按钮，选择目标服务器，选择 SQL Server 验证模式，填写用户名和密码，在"数据库"一项中输入新的数据库名称，单击"下一步"按钮，进入导出方式的界面，设置好之后，单击"下一步"按钮，在下面的步骤中一般选择默认选项，这样可以顺利完成数据库的导出操作。

两个 SQL Server 中具有相同的数据库，当原本的数据库崩溃后，就可以直接启用另一个，只需修改一下计算机上 OCBC 数据源中所设置的 SQL Server 主机名称即可。

第四章　应用系统安全

第一节　应用系统安全概述

一、应用系统安全简介

（一）应用软件的缺陷

应用软件种类繁多，不同的开发商开发软件的过程不尽相同，有的经过了严格的测试，有的则没有，甚至有的管理员从网上随便下载一个软件就安装到自己的系统上，诸如此类的安全威胁其中很大一部分来自软件本身的安全漏洞，甚至 Microsoft 这样的大公司也同样难以避免。

例如，Microsoft 的 IIS（互联网信息服务器，Internet Information Server）软件就有许多安全隐患。特别是使用自己编写的应用程序时，如果程序员对系统的安全漏洞认识不足，对安全问题忽视，就很容易成为非法入侵攻击的入口。另外，像 Office 2000/XP 软件包与 Money 2002/2003、Netscape、QQ、IE 6.0 等众多的重要应用程序，也都存在着漏洞。

例 4.1　Office 2000/XP 漏洞的危害和解决方法

① Office 2000/XP 软件包以及与这些程序相关的服务器软件均存在"重大"安全漏洞，黑客可以通过这些漏洞偷窥用户存储在系统中的机密文件，通过电子邮件或网页就可以对用户的系统下指令，进行非法执行程序、更改文件数据、阅读文件内容或将硬盘重新格式化等入侵行为。

② Microsoft 网站已提供了相关的漏洞补丁，安装补丁即可提高安全性。

（二）网络应用服务安全的概念

1. 网络应用服务

网络应用服务指的是在网络上所开发的一些服务，通常能见到的有 Web、Mail、FIP、DNS、Telnet 等。当然，也有一些非通用的，仅在某些领域、行业中自主开发的网络应用服务。

2. 应用系统安全

应用系统安全通常是指主机上安装的应用软件的安全问题，主要指网络应用服务的安全，即主机上运行的网络应用服务是否能够稳定、持续的运行，不会受到非法数据破坏及运行的影响。

（三）网络应用服务安全的特点

标题中的应用系统，指的就是支持网络应用服务的整个环境。一般包括服务器端和客户端等几部分。在谈论安全性问题的时候，不仅仅要考虑服务器端程序，也需要考虑客户端程序。

这里面我们所说的服务器，也就是具有网络服务的主机。其安全手段多样，服务器端的安全问题主要表现在非法的远程访问及其系统内部的错误。

客户端的安全问题主要表现在本地越权使用客户程序。由于大多数服务的进程由超级用户守护，许多重大的安全漏洞往往出现在一些以超级用户守护的应用服务程序上。

系统漏洞是很少有人能够发现的，并且随着版本的不断更新，安全漏洞也是不断增加且隐藏越来越深，但总会有人不断发现这些漏洞并加以利用，对网络安全造成威胁。因此，保证应用系统的安全是一个随着网络发展而不断完善的过程。

二、网络应用服务安全简介

应用服务按其服务，主要可以分为 Web 服务、文件传输协议（FIP）服务、Mail 服务、域名服务器（DNS）服务、数据服务、远程登录服务等类型。

网络应用系统许多事故的起源是因为使用了薄弱的、静态的口令。口令可以通过许多方法破译，其中，最常用的两种方法是把加密的口令解密和通过监视信道窃取口令。导致这些问题的原因主要有：认证环节薄弱性、系统易被监视性、易被欺骗性、有缺陷的局域网服务、复杂的设备控制以及主机的安全性无法估计。

（一）Web 服务的安全

万维网（World Wide Web，WWW）服务是 Internet 提供的最重要的服务之一。Web 服务器是实现信息发布的平台，信息发布需要建立相应的 Web 站点。

对于网络服务来说，安全管理员必须要保证网站的安全。这类网站可能以主页空间、虚拟主机和主机托管的形式实现，但从根本上说，这些都是 Web 服务提供的。

为了保护站点的安全，应做到：①安全策略制定原则；②配置 Web 服务器的安全特性；③排除站点中的安全漏洞以及监视控制 Web 站点出入情况。

（二）FTP 服务的安全

早期 FTP 并没有涉及安全问题，但随着 Internet 应用的快速增长，人们对安全的要求也在不断提高。

FTP 是一个被广泛应用的协议，它使得我们能够在网络上方便地传输文件。FTP 服务是用于远程主机之间进行文件传输的重要服务之一。只要在服务器端和客户端都安装配置了相应的 FTP 应用程序，通信主机之间的硬件和操作系统就不用统一。

FTP 服务对于局域网和广域网都可以使用，用户对 FTP 服务器的访问分为匿名和用户两种方式。FTP 服务通常被攻击者上传后门程序文件到主机，然后通过种种方式转移成为激活的后门。由于资源共享和权限控制矛盾的存在，FTP 服务成为攻击者的主要靶子。匿名 FTP 比用户 FTP 更容易受到拒绝服务攻击。匿名 FTP 服务的安全很大程度是由该系统的系统管理员决定的，一个低水平的系统管理员和可能会出现的配置权限错误，会导致整个系统被黑客利用或破坏。

（三）Mail 服务的安全

Mail 服务器一直因其安全性而成为广大网友抱怨的对象。的确，从理论上讲，Mail 服务是一种不安全的服务，因为它必须接受来自 Internet 的几乎所有数据。在 Internet 上，服务器间的邮件交换是通过 SMTP 来完成的。主机的 SMTP 服务器接收邮件（该邮件可能来自外部主机上的 SMTP 服务器，也可能来自主机上的用户代理），然后检查邮件地址，以便决定在本机发送还是转发到其他一些主机发送。

例如，UNIX 系统上的 SMTP 程序通常是 Sendmail，如果该程序被黑客利用，将给网络上的服务器造成巨大损失，因特网蠕虫病毒曾经震惊世界，它使大批的服务器陷于瘫痪，而这种病毒就是利用了 Sendmail 的安全缺陷。另外，电子邮件炸弹（发送大量的垃圾邮件）也会对 Mail 服务器造成攻击威胁。

面对这些威胁，可以使用下面的方法解决。

①安装补丁或进行版本升级。

②使用 UNIX 系统自带的安全特性。

③使用代理。

④直接修改源码。

（四）DNS 服务的安全

DNS 是 Internet 上其他服务的基础，它处理 DNS 客户机的请求：将域名与 IP 地址进行互换，并提供特定主机的其他已公布信息（如 MX 记录等）。一般而言，安全人员碰到的问题主要有名字欺骗和信息隐藏。

（五）远程登录服务

Telnet 远程登录协议是一种允许通过 Internet 远程访问计算机终端的协议。远程登录服务由于协议漏洞、服务程度漏洞等问题存在密码截获、暴力破解、缓冲区溢出等安全性问题。

例如，Telnet 登录时要求输入用户名和密码，但一般的 Telent 服务程序都是未经加密的，所以信息很容易被黑客截取并破译，从而导致黑客入侵。

第二节　Web 站点安全

一、网络应用服务安全

（一）Web 面临的安全威胁

Web 的基本结构是采用开放式的客户 / 服务器结构（Client/Server），分成服务器、客户接收端以及传输规程三个部分。

①服务器：规定传输设定、信息传输格式和服务器本身的开放式结构。

②客户机统称浏览器，用于向服务器发送资源索取请求，并将接收到的信息进行解码和显示。

③通信协议：Web 浏览器与服务器之间进行通信传输的规范。

（二）Web 面临的安全威胁

Web 作为一种商业工具，它的大量出现已经引起了包括用户及系统管理员在内的对于安全性问题的重视。如果把一个公司的数据添加到 Web 上，就必须考虑其安全性。

威胁 Web 的安全性问题主要包括以下几点。

1. 信息泄露

在 Web 服务器上或者 Web 服务器和浏览器之间传输的敏感信息被入侵者获取，以及由于配置、软件等的原因无意泄露敏感信息。

2. 拒绝服务

该威胁不容易抵御。攻击者的直接目的不在于侵入计算机，而是在短时间内向目标发送大量正常的数据包并使得目标机器维持相应的连接，或者发送需要目标机器解析大量无用的数据包，使目标机器资源耗尽，无法进行正常的服务。

3. 系统崩溃

通过 Web 篡改、毁坏信息、甚至篡改、删除关键文件，格式化磁盘等使 Web 服务器或者浏览器崩溃。

4. 跳板

这种操作使得非法破坏者常常逍遥法外。攻击者非法侵入目标机器，并以此为基地，进一步攻击其他目标，从而使这些目标机器成为"替罪羊"，代其遭受困扰甚至法律处分，目前许多间谍软件就是利用这种形式进行攻击的。

二、Web 的安全维护

Web 服务器软件和客户端软件是一个大系统的一小部分，这个系统由下面的构件组成。

①客户端软件（也就是 Web 浏览器）。
②客户端的操作系统。
③客户端的局域网。
④ Internet。
⑤服务器端的局域网。
⑥服务器上的 Web 服务器软件。

在分析和评估 Web 服务的安全性时，一定要考虑所有的这些成分。这些成分是相互联系的，每个成分都会影响到 Web 服务的安全性，因此它们中安全性最差的决定了给定服务的安全级别。

例如，一个 Web 服务器被安装在一台主机上并使用该主机的操作系统连接到 Internet 上。因此，即使该 Web 服务器程序的安全性很好，如果该操作系统上存在安全漏洞，那么 Web 文档也不会被其保护。入侵者可能会利用操作系统的漏洞来攻破该 Web 服务器的保护机制，并访问该 Web 文档。由于有这么多的相互关系和复杂的系统配置，因此要想实现安全的 Web 服务是很不容易的。

（一）Web 安全的实现

Web 安全的实现主要包括以下四个步骤。

1. 定义要保护的资源

对一个信息供应商来说，关键的资源就是要服务的 Web 文档。这些文档可以分成几个安全等级。

①访问 Web 服务的用户需要考虑他们自己的主机系统和存放文档的一致性，如果这些信息被泄露，那么安装再安全的 Web 服务器也是没用的。

② Web 客户和服务器都在一个计算机上和局域网上进行，因此这些资源的一致性也应该被当作资源。也就是说，运行 Web 服务器不能影响其他系统和网络的安全性。

③定义资源是一个与具体站点有关的任务，不同性质的站点对资源的定义也是不同的。

2. 定义风险级别

不存在没有风险性的信息服务，也就是说，只要用户的系统连接到 Internet 上，那么用户的系统就有"可能"被攻破。虽然不可能保证系统的绝对安全性，但是应采取各种方法来防止可能因为信息服务而带来的系统不安全性。Web 不安全性可以划分为三类。

①网络访问站点的配置。例如，局域网、相邻网、终端服务器和拨号线路以及 Internet 本身。

② Web 客户和 Web 服务器所运行的操作系统上的配置和软件设计。

③ Web 服务器和 Web 客户端的配置和软件设计。

3. 定义安全策略

安全策略是由个人或组织针对安全而制定的一套规则和决策。每个 Web 站点都应有一个安全策略，这些策略因需而异，必须根据需要和目标来设置。每个站点的安全策略都是独一无二的。

对 Web 服务提供者来说，安全策略的一个重要的组成，如哪个人可以访问，可访问哪些 Web 文档。但一个 Web 服务的安全策略不仅是这个内容，它还应包括定义获权访问 Web 文档的人和使用这些访问的人的有关权利和责任。

例 4.2 假如有一个轮胎生产商的 Web 站点，其服务包含几种文档。如何定义该 Web 站点安全策略。

分析结果如下：

该公司的 Web 安全策略应包括下面的决策内容。

①服务器上的广告文档（它定义该公司的产品）：定义成是所有人可读的，但不能修改。

②有关轮胎生产的研究和开发产品过程的文档：定义成只能由内部人员读取和修改。

③有关合同和未来策略的文档：定义成仅能由公司中一小部分领导读取。

④在工作时间不允许雇员做与工作无关的事情：定义成禁止公司人员在工作时间访问 Web，仅能访问该公司自己的站点。

4. 定义安全机制

安全机制是实现安全策略的手段或技术。对于 Web 服务器和 Web 客户来说，最重要的安全提升机制包括以下几点。

①主机和网络的配置工具和技术。

② Web 应用程序的配置。

③ Web 服务的认证机制。

④防火墙。

⑤日志和监视。

上面的四个步骤是相互联系的，而不是互相独立的。

例 4.3 为了实现例 4.2 的安全策略，应该使用什么安全机制。

分析结果如下：

根据例 4.2 中的安全策略要求，必须要有认证和访问控制机制。为了实现该安全策略，可以使用防火墙安全机制。

（二）配置 Web 服务器的安全特性

要分析用户与站点连接时会发生哪些事件和动作。不了解如何连接就不知道如何防止黑客闯入。

每次用户与站点建立连接，他们的客户机向服务器传送机器的数字 IP 地址。有时，Web 站点接到的 IP 地址可能不是客户的地址，而是它们请求所经过的代理服务器的地址。服务器看到的是代表客户索要文档的服务器的地址。由于使用 HTTP，客户也可以向 Web 服务器表明发出请求的用户名。

如果不要求服务器获得这类消息，服务器首先会将 IP 地址转换为客户的域名。为了将 IP 地址转化为域名，服务器与一个域名服务器联系，向它提供这个 IP 地址，从那里得到相应的域名。

1. 主要的安全漏洞

通常，如果 IP 地址设置不正确，就不能转换。一旦 Web 服务器获得 IP 地址和客户可能的域名，它就开始一系列的验证以决定客户是否有权访问他要求访问的文档。在这个过程中主要存在以下几个安全漏洞。

①客户可能永远得不到要求的信息，因为服务器伪造了域名，客户将无法获得授权访问的信息。

②服务器可能向另一用户发送信息，因为伪造了域名。

③误认闯入者是合法用户，服务器可能允许闯入者访问。

这里，风险是双向的。HTTP 服务器给用户带来风险和损害，HTTP 客户给服务器也带来了风险和损害。对于客户可能给服务器带来的风险，应注意服务器的安全，还应确保客户只访问他们有权访问的站点，如果发生了闯入，应有一些阻止闯入的措施。

2. 应采取的措施

可采取以下措施，加强服务器的安全。

①认真配置服务器，使用它的访问和安全特性。

②可将 Web 服务器当作无权的用户运行。

③如果在 Windows NT 系统上运行服务器，检查驱动器和共享的权限，将系统设为只读状态。

④可将敏感文件放在基本系统中，再设二级系统，所有的敏感数据都不向因特网开放。

⑤充分考虑最糟糕的情况后，配置自己的系统。

⑥最重要的是检查 HTTP 服务器使用的 Applet 脚本，尤其是那些与客户交互作用的 CGI 脚本，以防止外部用户执行内部指令。

⑦建议在 Windows NT 服务器上运行 Web 服务器，尽管它不能提供像 UNIX 和 SUN 那么多的功能，但它可提供一定的安全性。Macintosh Web 服务器更为安全，但缺少 Windows NT 的一些设置特性。

（三）排除 Web 站点中的安全漏洞

最基本的安全措施是排除站点中的安全漏洞，使其降到最少，通常表现为以下四种方式。

1. 物理漏洞

物理漏洞是由未授权人员访问引起的，表现在他们能浏览那些不被允许的地方。例如，安置在公共场所的浏览器，它使用户不仅能浏览 Web，而且可以改变浏览器的配置并取得站点信息，如 IP 地址、DNS 入口等。

2. 软件漏洞

软件漏洞是由"错误授权"的应用程序引起，如 daemons，它会执行不应执行的功能：Daemons 系统中与用户无关的一类进程，却执行了系统的很多功能，诸如控制、网络服务、与时间有关的活动和打印服务等。安全运行 Web 站点的一条首要规则是，不要轻易相信脚本和 Applet，使用时，应确信能掌握它们的功能。

3. 不兼容问题漏洞

不兼容问题漏洞是由不良系统集成引起的。一个硬件或软件运行时可能工作良好，一旦和其他设备集成后（如作为一个系统），就可能出现问题。这类问题很难确认，所以，对每一个部件在集成进入系统之前，都必须进行测试。

4. 缺乏安全策略漏洞

如果用户用他们的电话号码作为口令，无论口令授权体制如何安全都没用。必须有一个包含所有安全必备（如覆盖阻止等）的安全策略。

安全运行 Web 站点还要求管理者养成一系列良好的习惯，这样有助于保持策略简单、易于维护和易于修改。一旦具备基本安全需求后，就应该考虑用户的需求了。机密性就是最重要且最敏感的安全需求之一。

三、Web 客户端的安全防范

Web 客户机和服务器分担同样的安全危险，因为它们都是 Internet 上的主机。许多 Web 服务器上用于限制和监视访问的机制同样可以用于 Web 客户机。Web 浏览器还可以启动其他的 Internet 协议，如 FTP、GOPHER 和 WAIS 等，这些协议的安全漏洞也会影响 Web 浏览器。

很多 Web 服务器对每次接受的访问都做相应的记录，并保存到日志文件中，这个日志通常包括：来访的 IP 地址，或主机下载 HTML 文档时对应的用户名（如果可以提供用户认证手段或通过 Identified 协议得到 Protocol，请求的 URL 包括在表单中通过 GET 方法提交的变量的值），该请求的状态，传输数据的大小。

有的浏览器还向 Web 服务器提供有关用户的 URL 和用户的电子邮件地址等信息。服务器可以将这些信息记录到认证文件中，或者交给 CGI 脚本程序处理。大多数 WWW 客户端都是运行在单用户的计算机上，因此，通过对日志文件的查看，可以找到对应的用户。

另一个使用 Web 可能暴露隐私的方式是浏览器历史、活动表和磁盘缓冲区。如果有人可以使用该用户的计算机，他就可以查看这些信息。

（一）Cookies 简介

HTTP 本身是无状态的，不能手动维护客户端的状态信息，因此，必须找出一种解决这个问题的方法。

Cookies 是帮助 Web 站点维持用户状态的一种机制，这意味着 Web 站点能够"记忆"用户的一些信息。例如，他们经常访问哪些站点，透明的用户口令等。更具体的是，Cookies 允许 Web 站点（服务器）向客户端（用户）发送简单的数据，并请求客户端保持该信息，然后在一些情况下，将这些信息返回给 Web 服务器。

1. 什么是 Cookies

Cookies 是由 Web 站点向客户端发送的简短的数据结构。该 Web 站点可能会向客户端发送一个或多个 Cookies，然后该客户端在其本地的硬盘上将该数据保存到一个或多个文本文件中。

Cookies 是当你浏览某网站时，由 Web 服务器置于你硬盘上的一个非常小的文本文件，它可以记录你的用户 ID、密码、浏览过的网页、停留的时间等信息。当你再次来到该网站时，网站通过读取 Cookies，得知你的相关信息，就可以做出相应的动作，如在页面显示欢迎你的标语，或者让你不用输入 ID、密码就直接登录等。

2. 使用举例

下面是一些使用情况。

①马娟在一个 Web 站点上购买物品，Cookies 就可以被用来保存或引用 Alice 手推车中物品的信息，以便她一次可以购买多个商品，而不是一次仅能购买一件商品。

②刘飞在浏览一个站点，该站点允许用户花少量的钱就可以阅读文章。这时，Cookies 就可以被用来保存或引用他已经阅读了哪些文章的有关信息，也就是说一些 URL。这样，他就可以为他所读的所有文章一次性交费。

③张梦在一个 Web 站点的表单中输入了他的姓名、地址和其他的信息。这时，Cookies 就可以被用来保存或引用他的有关信息，以便在下一次张梦浏览该站点时，不必再次输入这些信息。

3. Cookies 特点

① Cookies 的内容要么由服务器提供信息，要么由用户提供信息，这需要通过一定的操作。例如，单击按钮或填写表单等。

② Cookies 数据以非加密的形式保存在用户的硬盘上。

③不同的平台对应的文件名也有所不同。例如，在 Windows 平台上，Cookies 数据文件名为 COOKIE.TXT。

④ Web 站点可以设置它发送的 Cookies 的过期时间。如果没有设置过期时间，当用户退出浏览器时，Cookies 就被删除。

（二）Cookies 安全须知

① Cookies 仅能保存由服务器提供的或由用户通过一定的操作产生的数据，它不能从用户的硬盘上读取数据。

② Cookies 能够保存由用户主动提供的任何信息，但它不能被用于收集敏感的信息。例如，Netscape 的喜好文件中的信息。对于这种情况，在服务器上编写一个简单的应用程序就能将用户的信息保存到服务器的数据库中。

③ Cookies 是被动地发送到客户端的文件，它被保存在客户端的硬盘上，并在某些情况下返回给服务器。

④一个站点不能读取另一个站点的 Cookies 信息。

⑤只有通过 Cookies 的站点才能读取对应的 Cookies 信息，其他的站点无法读取该 Cookies 信息。

(三)用户的浏览器泄露的信息

用户的浏览器有可能泄露以下信息:用户从哪台计算机登录;用户使用的软件和硬件情况;用户单击的链接的详细信息,甚至是用户的电子邮件地址信息,具体表现为以下几种情况。

①如果用户的网络服务提供商(Internet Service Provider,ISP)在运行一个 internet 守护进程,服务器就能够在用户用浏览器获取主页时得到用户的身份。

②客户端的状态信息可以以多种方法保持。例如,服务器管理员和程序员可以创建一个数据库应用程序来跟踪并保存由 Cookies 可以保存的数据。

③在一个站点进行注册或从站点获取信息时,用户经常被要求向表单中输入自己的电子邮件地址和邮编地址。

④有的包含邮件头的浏览器在一定情况下会泄露用户的电子邮件地址。例如,在通过浏览器中地址一栏 FTP 开头的 URL(统一资源定位),若用户在使用 FTP 而不是 HTTP 获取文件,这样就可能泄露了用户的电子邮件地址。

(四)屏蔽、删除 Cookies

1. 屏蔽 Cookies

在 IE5 窗口中单击"工具"菜单中的"Internet 选项"命令。在弹出的"Internet 选项"对话框中,单击"安全"选项卡,单击"自定义级别"按钮,然后在设置框中设置 Cookies 禁用或提示。IE6 中默认 Cookies 为屏蔽。

2. 删除 Cookies

随着时间的推移,保存的 Cookies 信息可能越来越多,为了确保万无一失,对这些已有的信息应该从硬盘中清除。

① Cookies 在硬盘中存放的位置与使用的操作系统和浏览器密切相关。在 Windows 9X 系统计算机中,Cookies 文件的存放位置为 C:\Windows\Cookies 和 C:\Documents and Settings\ 用户名中。

②在 IE6 中删除 Cookies 非常方便:在 IE6 窗口中单击"工具"菜单中的"Internet 选项"命令。在弹出的"Internet 选项"对话框中,单击"删除 Cookies"按钮即可。

（五）屏蔽 ActiveX 控件

由于 ActiveX 控件可以被嵌入 HTML 页面中，并下载到浏览器端加以执行，因此会给浏览器端造成一定程度的安全威胁。目前已有证据表明，在客户端的浏览器中，如 IE 中插入某些 ActiveX 控件，也将直接对服务器端造成意想不到的安全威胁。

第五章　计算机病毒及防范技术

第一节　恶意代码与病毒

一、什么是计算机病毒

计算机病毒在《中华人民共和国计算机信息系统安全保护条例》中的定义为："编制或者在计算机程序中插入的破坏计算机功能或者毁坏数据，影响计算机使用，并且自我复制的一组计算机指令或者程序代码"。

计算机病毒是一种"计算机程序"，它不仅能破坏计算机系统，而且还能传播或感染其他系统。它通常隐藏在其他看起来无害的程序中，能生成自身的复制并将其插入其他的程序中，执行恶意的行动。

世界上第一例被证实的计算机病毒是在 1983 年，并出现了计算机病毒传播的研究报告，同时有人提出了蠕虫病毒程序的设计思想。1984 年，美国人汤普森（Thompson）开发出了针对 UNIX 操作系统的病毒程序。

1988 年 11 月 2 日晚，美国康尔大学研究生罗特·莫里斯将计算机病毒"蠕虫"投放到网络中。该病毒程序迅速扩展，造成了大批计算机瘫痪，甚至欧洲联网的计算机都受到影响，直接经济损失近亿美元。

在我国，20 世纪 80 年代末有关计算机病毒问题的研究和防范已成为计算机安全方面的重大课题。进入 90 年代，计算机病毒在国内的泛滥更为严重。CIH 病毒是首例攻击计算机硬件的病毒，它可攻击计算机的主板，并可造成网络的瘫痪。

二、恶意代码与病毒

1999年4月26日，中国有大量计算机在使用过程中出现严重故障，轻则硬盘丢失，重则微机的BIOS被改写，造成严重的损失。这就是CIH恶性病毒的杰作。

从概念上讲，计算机病毒是恶意代码的一种，即：可感染的依附性恶意代码。

近些年出现的"红色代码""尼姆达""冲击波""震荡波"等病毒更是让全世界的计算机用户大有"谈毒色变"之感。其实，用计算机病毒来描述"红色代码""尼姆达""冲击波""震荡波"是不够确切的。它们确切的名字应该是恶意代码，它们通常是"蠕虫""病毒"和"木马"等的混合体。

（一）恶意代码

1. 代码

代码是指计算机程序代码，可以被执行完成特定功能。

2. 恶意代码的分类

软件工程师们使用计算机程序代码编写了大量的操作系统、数据库系统、应用系统等有用软件，而有些人则编写了扰乱社会和他人，甚至起着破坏作用的计算机程序，这就是恶意代码。恶意代码可分为需要宿主的程序和可以独立运行的程序两类。

①需要宿主的恶意代码：是程序片段，它们不能脱离某些特定的应用程序、实用工具程序或系统程序而独立存在。

②可以独立运行的恶意代码：是完整的程序，操作系统能够调度和运行它们。

3. 恶意代码的特性

按特性恶意代码还可以分成不能自我复制的和能够自我复制的两类。

①不能自我复制的恶意代码是不感染的，是程序片段。当用户调用宿主程序完成特定的功能时，就会激活它们。

②能够自我复制的恶意代码是可感染的，可能是一段程序片段（病毒），也可能是一个独立的程序（蠕虫）。当执行它们的时候，将会复制出一个或多个自身的副本，以后这些副本可以在同一个系统中或其他系统中被激活。

（二）恶意代码与病毒

恶意代码是一种广义上的病毒，与我们通常说的传统意义上的病毒有许多不同之处。它一般没有传染性，但却有极强的破坏性，如"万花谷"网站恶意代码病毒，用户一旦登录到该网页，只需用鼠标轻轻一点，用户的计算机立即就会陷入瘫痪状态。

恶意代码病毒还具有极强的欺骗性，用户只要登录过包含恶意代码的网页，就会不知不觉地被其感染，用户甚至不知道自己受到了病毒的破坏，恶意代码对 Windows 操作系统注册表的修改，则会使用户感到茫然和无助。所以，从某种意义上讲，恶意代码比传统意义上的病毒更具有杀伤力。

近些年出现的"红色代码""尼姆达""冲击波""震荡波"以及已开始在世界流行的间谍软件等其他恶意代码，我们有时也笼统地称之为计算机"病毒"。

第二节　计算机病毒

一、计算机病毒的特点及传播途径

（一）计算机病毒的特点

根据对计算机病毒的产生、传染和破坏行为的分析，计算机病毒具有传染性、潜伏性、隐蔽性、破坏性、不可预见性等特征。

1. 传染性

传染性是指能够主动地将自身的复制品或变种传染到其他未感染病毒的程序上，是计算机病毒与正常程序最本质的区别。

2. 潜伏性

潜伏性是指计算机病毒往往潜伏在存储器中，在一定条件下才发作、开始攻击计算机。

3. 隐蔽性

隐蔽性是计算机病毒不发作时，整个计算机系统看起来一切正常。

4. 破坏性

破坏性是指计算机病毒会占用系统资源，干扰计算机系统的工作，严重的则能删除或修改系统的数据，使整个系统瘫痪。

5. 不可预见性

病毒永远是超前于反病毒软件的，同时软件技术的发展，也为计算机病毒的发展提供了新的空间。因此，计算机用户必须不断提高对计算机病毒的认识和防范能力。

（二）计算机病毒的主要传播途径

计算机病毒可以通过带毒的软磁盘、光盘、闪存、移动硬盘等在使用时，与硬盘交互染上病毒，从而传染给其他计算机。

目前，计其机病毒的主要传播途径是网络。联网或 Internet 上的计算机非常容易感染病毒。

（三）病毒的工作过程

病毒的种类多，流程不完全一样，但它们有基本相同的过程。

①先检查系统是不是感染了病毒，如果没有被染上病毒，就把病毒程序装入内存，并修改系统的中断向量等资源，使它具有传染病毒的机能。

②病毒检查磁盘上的系统文件。

③检查主引导扇区是否被感染病毒，如果没有被染上病毒，就把病毒程序传染给主引导扇区。

④完成以上几方面的准备过程后，病毒才开始执行各自的特殊流程，对计算机软硬件进行破坏。

二、计算机病毒的表现形式和危害

（一）计算机病毒的表现形式

一般来说，计算机病毒在平时隐蔽的很好，往往在发作时，才会被发现，但多数病毒入侵后计算机会有异常反应。如果系统中经常出现以下情况，就应该怀疑系统感染了计算机病毒。

①计算机运行比平常迟钝。

②可执行程序的大小改变了。正常情况下，这些程序应该维持固定的大小，但有些病毒，会增加可执行程序的大小。

③系统内存容量忽然大量减少。有些病毒会消耗可观的内存容量,曾经执行过的程序,再次执行时,系统会提示用户没有足够的内存可以利用。

④磁盘可利用的空间突然减少。这个信息警告你病毒已经开始复制了。

⑤磁盘簇增加。有些病毒会将某些磁区标注为坏轨,而将自己隐藏其中,往往使反病毒软件也无法检查病毒的存在,如 Disk Killer 会寻找 3 或 5 个连续未用的磁区,并将其标示为坏簇。

⑥硬盘的指示灯无缘无故亮了或用户没有存取磁盘,但磁盘指示灯却亮了。

⑦不寻常的错误信息出现。例如,你可能得到以下的信息:"write protect error on driver A"。表示病毒已经试图去存取软盘并感染之,特别是当这种信息出现频繁时,表示你的系统已经中毒了。

⑧程序载入时间比平常久。有些病毒能控制程序或系统的启动程序,当系统刚开始启动或是一个应用程序被载入时,这些病毒将执行它们的动作,因此会花更多时间来载入程序。对一个简单的工作,磁盘似乎花了比预期长的时间。例如,储存一页的文字若需一秒,但病毒可能会花更长时间来寻找未感染文件。

⑨程序同时存取多个磁盘。

⑩内存中增加了来路不明的常驻程序。

⑪文件奇怪的消失、文件的内容被加上一些奇怪的资料文件名称或文件的扩展名、日期,属性被更改过。

⑫打印机经常不能正常打印。

⑬系统经常死机或自动重启。

⑭网络速度经常长时间的很慢。

(二)计算机病毒的破坏行为

计算机病毒的破坏性表现为病毒的杀伤能力。根据有关病毒资料可以把病毒的主要破坏行为归纳为以下几方面。

1. 攻击系统数据区

攻击部位包括硬盘主引导扇区、Boot 扇区、FAT 表、文件目录。这种攻击将导致系统无法启动,这是引导型病毒发作的特点,该类病毒是恶性病毒,受损的数据不易恢复,往往会造成灾难性后果。

2. 攻击文件

攻击文件包括可执行文件和数据文件。攻击的方式很多,如删除文件、改名、替换内容、对文件加密(使用户无法读写)等。

3. 攻击内存

内存是计算机的重要资源，也是病毒攻击的重要目标。病毒额外地占用和消耗内存资源，可导致一些大程序运行受阻。病毒攻击内存的方式有大量占用、改变内存总量、禁止分配和蚕食内存等。

4. 干扰系统运行，使运行速度下降

干扰系统运行的方式包括不执行命令、干扰内部命令的执行、虚假报警、打不开文件、时钟倒转、重启死机、扰乱串并接口等。病毒激活时，系统时间延迟程序启动，系统运行速度明显下降。

5. 干扰键盘、喇叭或屏幕

对键盘、喇叭、屏幕的干扰包括出现响铃、键盘被封锁、字被换、输入紊乱等。

6. 攻击 CMOS

有的病毒激活时，能够对 CMOS 进行写入以破坏 CMOS 中的数据。如 CIH 病毒可以乱写某些主板的 BIOS 芯片。

7. 干扰打印机

干扰打印机包括出现假报警、间断性打印或更换字符的现象。

8. 攻击网络

网络病毒破坏网络系统，非法使用网络资源，占用网络带宽，使网络速度变慢，严重的甚至会造成网络的瘫痪。"木马"程序对开启了后门的程序带来的危害可能会超过其他类型病毒造成的危害。

三、计算机病毒的分类

（一）计算机病毒的分类

按照不同的标准，病毒有不同的分类方法。

1. 按其表现性质分类

病毒按其表现性质可分为良性病毒和恶性病毒。

①良性病毒是只干扰计算机正常工作的病毒，破坏性较小，往往只占用系统资源，如小球病毒。

②恶性病毒能删除或修改系统的数据，使系统无法工作，甚至能使整个系

统瘫痪，破坏性较大，如 CIH 病毒、冲击波病毒、震荡波病毒。

2. 按感染的目标分类

病毒按感染目标可划分为引导型病毒、文件型病毒、混合型病毒、宏病毒和 Internet 病毒等。

①引导型病毒感染的引导区。

②文件型病毒主要感染扩展名为 COM、EXE、DRV、BIN、OVL、SYS 等可执行文件。

③混合型病毒兼有前两者的特点。

④宏病毒只感染 Word、Excel 文档和文档模板等数据文件的病毒。

⑤ Internet 病毒通过 E-mail 以及网页等传播，破坏特定扩展名文件，使邮件系统变慢，破坏网络系统，如蠕虫病毒。

3. 按病毒的寄生目标分类

病毒按寄生方式可分为入侵型、源码型、外壳型和操作系统型等。

①入侵型病毒一般入侵到主程序，作为程序的一部分。

②源码型病毒在源程序被编译之前已隐藏在程序之中，随源程序一起编译成目标代码。

③外壳型病毒一般都感染 DOS 下的可执行文件，程序执行时病毒程序也被执行，由此进行扩散。

④操作系统型病毒攻击操作系统的漏洞，代替操作系统的敏感功能。如 I/O 处理，实时处理等，这种病毒的危害最大。

4. 按照病毒的传播媒介分类

病毒按传播媒介可划分为本地型（单机）病毒和网络型病毒。

本地型病毒通过网络传播感染网络中的计算机，使网络无法正常使用，一般不会对计算机用户本身造成破坏，用户通常不会感觉到机器中毒，只是感觉上网异常或瘫痪，而这种网络异常往往被用户误解为物理网络质量问题。例如，网络上曾经肆虐的"冲击波"病毒。

下面将按病毒的传播媒介分类来介绍计算机病毒。

（1）本地型病毒

本地型病毒可分为引导型病毒、文件型病毒、混合型病毒以及宏病毒。

①引导型病毒主要感染磁盘引导区或主引导区，是感染率仅次于"宏病毒"的常见病毒。

由于这类病毒感染引导区,当磁盘或硬盘在运行时,引发感染其他 *.exe、*.com、*.386 等计算机运行必备的命令程序,造成各种损害。常见的品种有 tpvo/3783,Windows 系统感染后会严重影响运行速度,使某些功能无法执行。

杀毒以后,必须重装 Windows 操作系统,系统才能正常运行。

②文件型病毒主要感染文件,是目前种类最多的一类病毒。黑客病毒 Trojan.BO 就属于这一类型。BO 黑客病毒利用通信软件,通过网络非法进入他人的计算机系统,获取或篡改数据或者后台控制计算机,从而造成各种泄密、窃取事故。

③混合型病毒既感染命令文件又感染磁盘引导区与主引导区。能破坏计算机主板芯片的 CIH 毁灭者病毒就属于该类病毒。CIH 是台湾地区一个大学生编写的一种病毒,当时他把它放置在大学生的 BBS 站上,1998 年传入大陆,发作的日期是每个月的 26 日。该病毒是第一个直接攻击计算机硬件的病毒,破坏性极强,发作时破坏计算机 Flash BIOS 芯片中的系统程序,导致主板与硬盘数据的损坏。1999 年 4 月 26 日,CIH 病毒在中国、俄罗斯、韩国等地大规模发作,仅大陆就造成数十万台计算机瘫痪,大量硬盘数据被破坏。

④宏病毒主要感染 Word 文档和文档模板等数据文件,是使用某个应用程序自带的宏编程语言编写的病毒,目前国际上已发现三类宏病毒:感染 Word 系统的 Word 宏病毒、感染 Excel 系统的 Excel 宏病毒和感染 Lotus Ami Pro 的宏病毒。目前,人们所说的宏病毒主要指 Word 和 Excel 宏病毒。与以往的病毒不同,宏病毒有以下特点。

第一,感染数据文件:宏病毒专门感染数据文件,彻底改变了人们的"数据文件不会传播病毒"的错误认识。

第二,多平台交叉感染:宏病毒冲破了以往病毒在单一平台上传播的局限,当 Word、Excel 这类软件在不同平台(如 Windows、Windows NT、OS/2 和 Macintosh 等)上运行时,会被宏病毒交叉感染。

第三,容易编写:以往病毒是以二进制的计算机机器码形式出现,而宏病毒则是人们容易阅读的源代码形式出现,所以编写和修改宏病毒比以往的病毒更容易。

第四,容易传播:别人发送一篇文章或一个 E-mail(电子邮件)给你,如果它们带有病毒,只要你打开这些文件,你的计算机就会被宏病毒感染。此后,你打开或新建文件都可能带上宏病毒,这导致了宏病毒的感染率非常高。

(2)网络型病毒

随着网络给人们生活带来的巨大收益,人们也正逐渐遭受网络病毒带来的侵害之苦，网络动荡、网络瘫痪……当网络病毒肆虐时，最可怜的是网络系统维护人员，他们变成了用户的出气筒，每天面对被打爆的投诉电话和用户无情的声讨，却无能为力，这种委屈实在有口难辩，因为确认谁家的机器中毒是非常困难的。只能告诉每个投诉用户自己去杀毒，然而投诉用户的主机不一定是中毒主机，同时驻地网很多用户对网络知识了解非常少，这种解释对愤怒的用户来说是无法容忍的，一般被他们认为是推卸责任和无能的表现，由此也可看出网络病毒危害之大。

下面介绍最常见的两种网络病毒。

①红色代码（Red Code）是一种蠕虫病毒，感染运行 Microsoft Index Server 2.0 的系统，或是在 Windows 2000、IIS 中启用了 Indexing Server（索引服务）的系统。

该蠕虫利用了一个缓冲区溢出漏洞进行传播。蠕虫的传播是通过 TCP/IP 协议和端口 80，利用上述漏洞，蠕虫将自己作为一个 TCP/IP 流直接发送到染毒系统的缓冲区，蠕虫依次扫描 Web，以便能够感染其他的系统。一旦感染了当前的系统，蠕虫会检测硬盘中是否存在 c：\notworm，如果该文件存在，蠕虫将停止感染其他主机。

与其他病毒不同的是，Code Red 并不将病毒信息写入被攻击服务器的硬盘。它只是驻留在被攻击服务器的内存中，并借助这个服务器的网络连接攻击其他的服务器。Code Red 蠕虫能够迅速传播，并造成网络大范围的访问速度下降甚至阻断。Code Red 蠕虫造成的破坏主要是涂改网页，对网络上的其他服务器进行攻击，被攻击的服务器又可以继续攻击其他服务器。

②冲击波病毒（worm. MSBlast. 6176，也叫爆破工）。该病毒是利用微软操作系统的 RPC（远程进程调用）漏洞进行快速传播的。攻击者通过编程方式来寻求利用此漏洞：在一台与易受影响的服务器通信的并能通过 TCP 端口 135 的计算机上，发送特定类型的、格式错误的 RPC 消息。接收此类消息会导致易受影响的计算机上的 RPC 服务出现问题，进而使任意代码得以执行。接着病毒就会修改注册表，截获邮件地址信息，一边破坏本地机器一边通过 E-mail 形式在互联网上传播。同时，病毒会在 TCP 的端口 4444 创建 cmd.exe，并监听 UDP 端口 69，当有服务请求，就发送 Msblast.exe 文件。

该病毒运行时会不停地利用 IP 扫描技术寻找网络上系统为 Windows XP 计算机，找到后就利用 DCOM RPC 缓冲区漏洞攻击该系统，一旦攻击成功，病毒体将会被传送到对方计算机中进行感染，使系统操作异常。具体表现有：弹出 RPC 服务终止的对话框、系统反复重启、不能收发邮件、不能正常复制文件、无法正常浏览网页、复制粘贴等操作受到严重影响,DNS 和 IIS 服务遭到非法拒绝服务等,从而使整个网络系统几乎瘫痪。另外,该病毒还会对微软的一个升级网站进行拒绝服务攻击,导致该网站堵塞,使用户无法通过该网站升级系统。

自 2003 年 8 月 12 日被瑞星全球反病毒监测网首次截获开始,冲击波病毒已经在国内造成了大范围影响,虽然各大杀毒软件公司都已推出专门的升级软件包,但当时仍有许多疏于防范的用户计算机在不断遭受攻击。

第三节 蠕虫、木马和间谍软件概述

一、蠕虫

1988 年 11 月 2 日下午 5 时 1 分 59 秒,美国康奈尔大学计算机科学系研究生、23 岁的莫里斯(Morris)将其编写的蠕虫程序输入计算机网络。这个网络连接着大学、研究机关的 155 000 台计算机,使得网络运行迟缓,并在几个小时内导致因特网堵塞,造成巨大损失,成为一时的舆论焦点。红色代码(Red Code)、尼姆达(Nimda)以及欢乐时光和求职信等病毒都属于常见的蠕虫病毒。

(一)蠕虫简介

1. 什么是蠕虫

蠕虫(Worm)是一种能够通过网络连接进行自我复制的程序。与病毒不同的是,蠕虫的传播依靠其自身的功能,不需要将其自身附着到宿主程序中。典型的蠕虫程序只会在内存中维持一个活动的副本,甚至不用向硬盘中写入任何信息。

2. 类型

蠕虫可分为主机蠕虫和网络蠕虫两种类型。

①主机蠕虫:完全包含在它所运行的计算机中,并且使用网络连接将其自身拷贝到其他计算机中。根据蠕虫程序的设计,主机蠕虫在将其自身拷贝加入另外的主机后,可能会终止它自身,使得在任意给定的时刻只有一个蠕虫的拷贝运行,或者在原始系统中保留一份副本。

②网络蠕虫:由许多部分组成,而且每一个部分可运行在不同的机器上(可能进行不同的动作),并且使用网络来达到通信的目的。

3. 特点

蠕虫的特性包括破坏性、潜伏性、特定的触发性、自我复制能力和很强的传播性等，对于网络的危害很大。它不断地在主机间进行自我复制，占有系统资源和网络带宽，影响计算机网络系统的正常运行，最后使得网络系统不胜重负而瘫痪。在网络环境下，只要有一台主机中的蠕虫没有杀掉，它就会在网络中死灰复燃。

计算机病毒一般具有寄生性和传染性，需要借助于其他文件存在和传播。蠕虫不需要宿主程序，而是依靠网络和自身功能从一台计算机到另一台计算机进行复制，在功能上与病毒相似。现在一些病毒也采用蠕虫技术，因此现在往往也把蠕虫和使用"蠕虫"技术的病毒统称为"蠕虫病毒"。

（二）蠕虫的防范

1. 蠕虫的传播特点

蠕虫病毒能够主动传播、感染是一个主要特征，不像其他病毒，需要运行才能进行传播。

①蠕虫病毒往往是通过电子邮件传播的，病毒文件通常是可执行文件，作为邮件的附件，当收件者打开附件，就进行了传播。

②蠕虫文件，往往被改名成 PIF（DOS 程序快捷方式）、BAT（DOS 批命令）、LNK（Windows 快捷方式）、CMD（NT 批命令），利用 Windows 兼容性的漏洞，达到传播、复制、发作的目的。

③蠕虫病毒文件，往往借助 Outlook（Express）进行传播。

2. 主要防范措施

①电子邮件蠕虫病毒一般是以附件的面目出现的，只要你双击"附件"的文件名，就会启动隐藏在里面的蠕虫病毒。附件是否安全，看扩展名即可。

②禁止 Outlook Express 的自动收发邮件功能，只有在单击"接收/发送"按钮时，才可以执行邮件收发操作，这样可以防止病毒发作后不断传播。

③将系统的网络连接的安全级别至少设置为"中等"，它可以在一定程度上预防某些有害的 Java 程序或者某些 ActiveX 组件对计算机的侵害。

④打开浏览器，单击菜单栏里"Internet 选项"对话框中"安全"选项卡里的"自定义级别"按钮，把"ActiveX 控件及插件"相关的一切选项设为禁用，这样可防范网络蠕虫。

二、木马

"木马"是"特洛伊木马"(Trojan Horse)的简称。该词语来源古希腊的神话故事:传说希腊人围攻特洛伊城,久久不能得手,后来想出了一个木马计,让士兵藏匿于巨大的木马中,大部队假装撤退而将木马摈弃于特洛伊城下。敌人将其作为战利品拖入城内,木马内的士兵则乘夜晚敌人庆祝胜利、放松警惕的时候从木马中爬出来,与城外的部队里应外合而攻下了特洛伊城。

(一)木马简介

1. 什么是木马

在计算机安全领域,"特洛伊木马"是一种基于远程控制的黑客工具,具有隐蔽性和非授权性的特点。表面上(或实际上)该程序有某种有用的功能,但它还含有隐藏的可以控制用户计算机系统、危害系统安全的功能。"木马"可能会造成用户资料的泄露与损坏或造成整个系统崩溃。冰河、灰鸽子、广外幽灵、猎手等都是当前比较有名的木马程序。

2. 木马的特性

木马一般由硬件部分、软件部分和具体连接部分组成。硬件部分是建立木马连接所必需的硬件实体,包括控制端(对服务端进行远程控制的一方)和服务端(被控制端远程控制的一方)。软件部分是实现远程控制所必需的软件程序,主要有控制端程序,用以远程控制服务端的程序。木马程序是用于潜入服务端内部,获取其操作权限的程序。木马配置程序用于设置木马程序的端口号、触发条件和木马名称及使其在服务端隐藏得更隐蔽。具体连接部分是通过Internet在服务端和控制端之间建立一条木马通道所必需的元素,包括控制端IP、服务端IP、服务端网络地址、控制端端口、木马端口和服务端数据入口等。

木马的软件部分与远程控制软件有很大的相似性,但是与远程控制软件相比,"特洛伊木马"主要具有以下两个方面的特性。

①非授权性:是指控制端与服务端连接后,控制端将享有服务端的大部分操作权限,包括修改文件、修改注册表、控制鼠标键盘等,而这些权力并不是服务端赋予的,而是通过木马程序窃取的。

②隐蔽性:是指木马的设计者为了防止木马被发现,会采用多种手段隐藏木马,这样服务端即使发现感染了木马,由于不能确定其具体位置,也很难清除。

计算机病毒具有寄生性和传染性,木马虽然很危险,但木马程序本身是无法自我复制的,并且必须依靠其他程序的执行来安装自己。

（二）木马的防范

①使用查看开放端口的方法来判断计算机是否中了木马。例如，冰河木马使用的端口是 7626。

②通过系统进程来判断计算机是否中了木马。

③从木马的加载方法来判断。

④用反病毒软件检测、清除木马。

三、间谍软件

（一）什么是间谍软件

间谍软件是一种危害超过木马的恶意代码，已开始成为网络信息安全的新隐患。2005 年，趋势科技全球病毒实时监控中心对全球十大病毒排名中已有不少属于间谍软件。

（二）间谍软件的基本组件

①键盘记录。

②事件记录。

③屏幕截取。

④Cookies。

（三）分类

目前的间谍软件根据其功能主要分为两类："监视型间谍软件"和"公告型间谍软件"。

①"监视型间谍软件"具有记录键盘操作的键盘记录器功能和屏幕捕获功能，主要被企业、私人侦探和间谍机构等使用。

②"广告型间谍软件"与其他软件一同安装，或通过 ActiveX 控件安装，用户并不知道它的存在。记录用户的姓名、性别、年龄、密码、邮件地址、Web 浏览记录、网上购物活动、硬件或软件设置等信息。

（四）主要特征

间谍软件的主要特征包括以下几方面。

①在用户未授权的情况下，监控、记录、复制用户的使用情况、账户信息等有害程序。

②间谍软件通常会在获取了目标信息之后，通过网络发给其作者，从而达

到非法占有他人财产、执行后续欺骗的目的。

③无论间谍软件表面上为用户提供了什么样的服务（如天气预报、股票行情等），其本质"盗窃"的目的是不会改变的。

④间谍软件通常是用户自己安装上去的（下载免费音乐播放器或实用程序时，用户可能并不知道该软件还能够收集并传输用户的个人信息）。

例5.1 对间谍软件进行技术分析

分析结果如下。

间谍软件的破坏行为主要分为三步。

①记录用户的键盘输入：比如，此时用户正打开写字板，并输入"I love this game！"，间谍软件能够把用户键盘输入的字符全部记录下来。

②截取计算机屏幕图像：在截图的同时，还给截取的计算机屏幕图像标注上时间；还可以定时截取用户计算机屏幕图像。

③向外发送窃取的数据：间谍软件能够将窃取的键盘输入和屏幕截图自动编写成邮包；还能自动生成压缩包，附件就是间谍软件窃取的用户信息；将窃取的数据发送给特定的接收者。

（五）防范

主要通过防间谍软件来解决。

第四节 病毒的预防、检测和清除

一、预防、检测和清除计算机病毒

（一）计算机病毒的检测和清除

计算机病毒的检测和清除手段主要有人工和使用反病毒软件来处理。

1. 人工清除

计算机专业人士可用人工清除计算机病毒。

2. 使用反病毒软件

一般用户可使用计算机反病毒软件来检测和清除计算机病毒。常用的有KILL、KV、瑞星、金山毒霸、诺顿防毒、防毒精灵、熊猫卫士等。

这些软件的使用非常方便，用户可以参阅其说明书，进行相应的操作，完成检测和清除病毒。各正版杀毒软件一般都会定期推出新版本，用户需定期进行版本的升级，即可对新病毒进行清除。

（二）计算机病毒的预防

1. 常用预防措施

①经常对重要文件进行备份。
②发现病毒后，应立即关闭计算机，然后用杀病毒软件清除病毒。
③对存有重要文件的软磁盘，不进行写操作时，应设置写保护。
④把易受病毒感染的命令文件的属性改为"只读"。
⑤启动计算机最好不用软磁盘。
⑥未检测的软磁盘、U盘、移动硬盘等不要使用。
⑦用病毒监测软件监测上网时可能传入的病毒。
⑧定期对硬盘进行杀毒。
⑨现在的病毒多是对操作系统的漏洞进行攻击，用户应对操作系统打上防某种病毒的专用补丁（可从网上下载），防止病毒的侵入。比如冲击波、震荡波等病毒就是对 Windows 2000/XP 的漏洞进行攻击来破坏系统的。

2. 高级预防措施

①建立良好的安全习惯。例如，对一些来历不明的邮件及附件不要打开，不要上一些不太了解的网站、不要执行从 Internet 下载后未经杀毒处理的软件等，这些必要的习惯会使你的计算机更安全。

②关闭或删除系统中不需要的服务。默认情况下，许多操作系统会安装一些辅助服务，如 FTP 客户端、Telnet 和 Web 服务器。这些服务为攻击者提供了方便，而对用户又没有太大用处，如果删除它们，就能大大减少被攻击的可能性。

③经常升级安全补丁。据统计，有 80% 的网络病毒是通过系统安全漏洞进行传播的，像蠕虫王、冲击波、震荡波等，所以，我们应该定期到专门网站去下载最新的安全补丁，以防患于未然。

④使用复杂的密码。有许多网络病毒就是通过猜测简单密码的方式攻击系统的，因此使用复杂的密码，将会大大提高计算机的安全系数。

⑤迅速隔离受感染的计算机。当发现计算机病毒或异常时应立刻断网，以防止计算机受到更多的感染，或者成为传播源，再次感染其他计算机。

⑥了解一些病毒知识。这样就可以及时发现新病毒并采取相应措施，在关键时刻使自己的计算机免受病毒破坏。如果能了解一些注册表知识，就可以定

期看一看注册表的自启动项是否有可疑键值；如果了解一些内存知识，就可以经常看看内存中是否有可疑程序。

⑦最好安装专业的杀毒软件进行全面监控。在病毒日益增多的今天，使用杀毒软件进行防毒，是越来越经济的选择，不过，用户在安装了反病毒软件之后，应该经常进行升级，将一些主要监控经常打开（如邮件监控）、内存监控等，遇到问题要上报，这样才能真正保障计算机的安全。

⑧还应该安装个人防火墙软件进行防黑。由于网络的发展，电脑面临的黑客攻击问题也越来越严重，许多网络病毒都采用了黑客的方法来攻击用户电脑，因此，还应该安装个人防火墙软件，将安全级别设为中、高，这样才能有效地防止网络上的黑客攻击。

⑨最好能安装反间谍软件。反间谍软件产品与防病毒、防火墙等安全产品组合的综合性安全套件，将逐步成为今后的发展趋势。

例 5.2 2004 年春节刚过，某市国税局办公网站出现了无法登录的状态，中心交换机严重阻塞。在排查应用系统服务器的过程中，发现断开天王星网上申报系统服务器与交换机的连接后，中心交换机很快恢复正常工作。当重新连接后，中心交换机马上瘫痪。如何处理？

分析结果如下：

原因分析：纳税人网上申报服务器同时连接 Internet 与内部办公网，受到网络病毒攻击的可能性极大。根据故障现象、查询相关资料后，初步认定此系统的数据库受到 SQL Slammer 蠕虫病毒的攻击。这个蠕虫病毒利用 SQL Server 2000 的一个系统漏洞，对网络上的 SQL 数据库进行攻击，感染病毒的机器将不断向外发送 UDP 数据包，从而逐步鲸吞、消耗网络资源，导致网络访问速度下降，甚至瘫痪。

解决方法：找到病源后，用最新的杀毒软件检查杀毒，并对操作系统与 SQL Server 2000 打上相应的补丁后，故障解决，网络运行正常。

二、病毒防范实例

随着 Internet 技术的迅速发展，网上购物、网上银行已经走进了我们的生活，病毒问题始终是网络信息安全的焦点问题。下面以诺顿网络安全特警（Norton Internet Security，NIS）为例介绍软件防范技术。

（一）软件安装

NIS 的安装非常简单，可以像安装其他软件那样，在安装向导的指引下完成安装。但需要注意以下几点。

①安装之前，应该卸载其他杀毒软件以避免软件冲突。

②在安装过程中，软件会询问用户是否要对系统进行病毒扫描（推荐用户进行系统病毒扫描）。

③为了保护知识产权，NIS 采用了网络激活和电话激活技术，并限制了软件安装次数。因此，用户必须填写真实资料以激活产品才能得到技术支持。

④软件成功安装后，会在桌面创建快捷方式，并且 NIS 和 Norton Antivirus 的图标也会显示在 Windows 任务栏中。

⑤通过开始菜单、桌面快捷方式和任务栏这三种方式都可以启动 NIS。在 NIS 主界面中，用户可以设置的选项有安全、个人防火墙、入侵检测和 Norton Antivirus 是针对所有用户的，而隐私控制、禁止广告、Norton AntiSpam 和父母控制则是针对不同用户的需求。

⑥如果没有启用某些重要设置，在程序的主界面的系统状态中会给予提示，如"注意""关"等。Norton Antivirus 是一款独立的杀毒软件，在 NIS 中集成了这一款杀毒软件。默认情况下，Norton Antivirus 会自动打开"自动防护""电子邮件扫描""禁止脚本"和全面系统扫描功能，并自动执行"Live Update"服务。

（二）安全设置

将计算机连接到 Internet，启动 NIS，双击"安全"选项，用户计算机将自动连接到赛门铁克（Symantec）中国网站，并为用户在线检测系统安全性。

进入赛门铁克中国网站后，单击页面上的"进入"按钮，就会进入安全扫描页面。单击页面中的红色"开始"按钮，系统安全扫描将自动开始。在扫描过程中，用户不能关闭该窗口或浏览其他页面。

赛门铁克所提供的在线安全扫描，主要是检测计算机存在的在线威胁漏洞，因此，在检测完毕后，用户计算机存在的安全问题会列出报告并提出建议。例如，经过在线检测，赛门铁克认为该计算机的安全状态为"存在风险"，虽然该计算机通过了"Windows 漏洞检查"，但是"黑客暴露程度检查"和"特洛伊木马检查"两项都没有通过，通过单击"显示详细信息"找到问题的症结，原来是 5000 端口被打开了。在详细了解了系统存在的漏洞后，就可以关闭相应的端口来预防黑客的攻击或木马程序的破坏。

（三）个人防火墙的设置

用户在计算机使用过程中，难免会受到恶意攻击或恶意程序的骚扰，因此使用个人防火墙非常有必要。

①通过NIS主界面可以启动个人防火墙，默认设置状态为打开防火墙，安全级别默认为中级，用户可以设置不同的安全级别。

②使用笔记本上网地点的随意性比较大，可通过"程序"选项卡下的"设置"下拉列表框选择当前上网地点，如办公室，并选中"打开自动程序控制"复选框。但防火墙并不能很好地控制所有的Internet程序。例如，会禁止QQ连接Internet，此时用户可以通过单击"添加"按钮找到需要手动控制的Internet程序。

③对于计算机之间的访问安全，可以通过设置"信任区域"和"限制区域"来加强。单击"程序"选项卡，用户可以通过"添加"按钮对"信任区域"和"限制区域"进行限制。例如，办公环境下的局域网用户需要和其他用户进行文件和打印机共享，就需要在"信任区域"中输入对方的IP和掩码。

④用户在不同地点上网，网络安全情况会有所差异，这时可以单击"位置"选项卡，打开网络检测程序。这样，在网络异常的情况下，用户可以及时得到警报。

⑤"高级"选项卡是为处理特定类型的通信网络提供的规则：一般规则和特洛伊规则。考虑到普通用户对网络规则并不熟悉，推荐用户使用防火墙的默认规则。

（四）入侵检测

使用"入侵检测"功能，可以使计算机免受Bonk、RDS-Shell、WinNuke等典型网络攻击，并能禁止发起攻击的计算机在一定时间内连接用户计算机。

双击NIS主界面的"入侵检测"按钮，打开"入侵检测"设置窗口，先选中"打开入侵检测"和"当入侵检测禁止连接时进行通知"复选框以检测是否被入侵，再选中"打开自动禁止"复选框，在"发起自动攻击的计算机自动禁止"下拉列表框中选择禁止时间，如30分钟。

（五）隐私控制

隐私控制功能提供了保护个人隐私的解决方案。启动隐私控制后，在下拉列表框中选择要进行隐私控制的用户，选中"打开隐私控制"复选框，选择隐私控制的默认级别，再单击"个人信息"按钮添加需要保护的个人隐私，如我们在网站购物和在线支付时使用的信用卡号、电子邮件地址、常用密码、电话等信息。对于信用卡卡号和银行账户，用户只需要输入后面的5位或6位数字即可。

（六）禁止广告

用户在上网的时候，满屏的弹出式广告和动画不仅让人心烦，更降低了网页打开的速度。这时，"禁止广告"功能会帮助用户彻底屏蔽它们。

对于普通用户，只需在"禁止广告"的窗口中选中"打开禁止广告"和"打开禁止弹出窗口"复选框，就可达到屏蔽广告的效果。

高级用户还可以通过"广告垃圾箱"和"高级"按钮进行广告规则和针对某个网站的具体设置。

（七）反垃圾邮件

垃圾邮件令人防不胜防，无论是免费邮箱还是单位的工作邮箱，每天都会有大量的"不速之客"。有了 Norton AntiSpam，用户的信箱肯定会干净不少。

在安装完 NIS 后，Norton AntiSpam 会自动嵌入到 Outlook Express 中。用户可以通过 Norton AntiSpam 窗口中的常规选项进行筛选级别设置，在允许列表中设置愿意收到的邮件的地址，在禁止列表中设置不愿意接收的邮件的地址，通过垃圾邮件规则设置，还可以自定义垃圾邮件规则。

（八）父母控制

父母控制功能可以禁止受限用户对不良网站进行访问。通过对指定禁止站点进行设置，可以保证未成年人不受不良站点的影响。

（九）高级设置

谈到网络安全，很多人都会说，自己作为一个个人用户，没有什么东西会让黑客对我的机器感兴趣。如果是这样想就错了，越来越多的攻击案例显示，个人用户安全已经是网络安全一个很重要的隐患，由于大部分个人用户安全意识淡薄，攻击者已经把个人用户机器当成黑客的天堂。下面简单介绍使用 Norton Internet Security 来防护计算机的方法。

启动 Norton Internet Security，在"安全中心"菜单上，双击"个人防火墙"。选中"启用个人防火墙"以激活 Norton Personal Firewall。在"安全中心"菜单上，双击"入侵检测"，选中"启用入侵检测"以激活入侵检测。

现在已经基本完成了防护的基础，接下来我们需要做的就是把规则设置好，也就是说什么样的行为是非法的。

在"安全中心"菜单上，双击"个人防火墙"。在出现的"个人防火墙"窗口中，单击"高级"选项卡上的"一般规则"。在弹出的对话框中选择"添加"，然后，在弹出的"添加规划"窗口选择"禁止"，禁止进行这种类型的通信。

如果主机是一台服务器，是从另一台计算机连接到自己的计算机上的，那么在对话框中，需要选择"来自其他计算机的连接"，并在下面的对话框中选中"仅以下所列的计算机和站点"，单击"添加"按钮即可。再在"指定计算机"对话框中，选择"个别"选项，在下面输入恶意的 IP 地址。但是并不是所有人都会用同一个 IP 地址，相信一会儿攻击者就会换成另外一个 IP 地址继续进行攻击，如果不嫌麻烦的话可以加个空格再输入新的 IP 地址。

上面的方法比较麻烦，可使用以下简便的方法：在"安全中心"菜单上，双击"入侵检测"。在"入侵检测"窗口中，选中或取消选中"启动自动禁止"复选框。

经过以上设置，当 Norton Internet Security 检测到有人攻击或扫描用户不开放的端口时，会自动禁止连接以确保计算机的安全，而且还可以激活自动禁止功能，使其在一段时间内自动禁止来自攻击计算机的所有入站通信，即使入站通信与攻击特征不匹配，默认的是封锁该 IP 地址 30 分钟，也就说在 30 分钟内该 IP 地址再连接用户的任何端口都是无效的，这项功能对于针对个人的 DoS 攻击是很有效的。

第六章 防火墙技术

第一节 防火墙概述

网络的安全不仅表现在网络的病毒防治方面，还应该体现在系统抵御外来入侵方面。对于网络病毒，我们可以使用反病毒软件来应对，那么对于黑客的入侵我们可以使用防火墙技术来应对。

一、防火墙的概念

（一）物理防火墙

防火墙的本义是指古代的人，在房屋之间修筑的一道墙。在发生火灾时，该墙可以防止火灾蔓延到房屋。

（二）计算机防火墙

防火墙是一个或一组在两个网络之间执行访问控制策略的系统，包括硬件和软件，目的是保护网络不被可疑入侵干扰。一般情况下，防火墙就是位于内部网（或 Web 站点）与因特网之间的一个路由器或一台计算机，也叫堡垒主机，如图 6-1 所示。

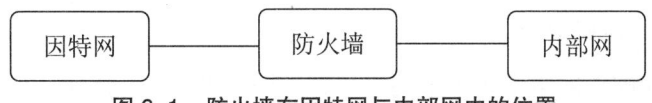

图 6-1 防火墙在因特网与内部网中的位置

通常意义上讲的防火墙是指硬件防火墙，它是通过硬件和软件的结合来达到隔离内、外部网络的目的。硬件防火墙价格较贵，但效果较好，一般小型企业和个人很难实现；软件防火墙是通过软件的方式来达到，价格很便宜，但这类防火墙只能通过一定的规则来达到限制一些非法用户访问内部网的目的。

(三) 防火墙的特性

由软件和硬件组成的防火墙应该具有以下功能
①所有进出网络的信息流都应该通过防火墙。
②所有穿过防火墙的信息流都必须有安全策略和计划的确认和授权。
③理论上说，防火墙是穿不透的。

(四) 内部网需要防范的攻击

内部网需要防范的三种攻击有：间谍、盗窃和破坏系统。在这里，防火墙的作用是保护 Web 站点和单位的内部网，使之免受侵犯。
①间谍：试图偷走敏感信息的黑客、入侵者和闯入者。
②盗窃：盗窃的对象包括数据、Web 表格、磁盘空间和 CPU 资源等。
③破坏系统：通过路由器或主机/服务器蓄意破坏文件系统或阻止授权用户访问内部网（外部网）和服务器。

二、防火墙的基本功能和不足

(一) 防火墙的基本功能

1. 防火墙能强化安全策略

Internet 上每天都有众多的人在收集信息、交换信息，不可避免地会出现个别品德差的人或违反规则的人。防火墙就是防止不良现象发生的"交警"，它执行站点的安全策略，仅仅允许"认可的"和符合规则的请求通过。

2. 防火墙能有效地记录 Internet 上的活动

因为所有进出信息都必须通过防火墙，所以防火墙非常适用于收集关于系统和网络使用、误用的信息。作为访问的唯一连接点，防火墙能在被保护的网络和外部网络之间的所有时间进行记录。

3. 防火墙能限制暴露用户点

防火墙能够在网络中将一个网段与另一个网段隔开。这样，就能够防止把受影响的网段的问题传播给其他网段。

4. 防火墙是一个安全策略的检查站

所有进出的信息都必须通过防火墙，防火墙便成为安全问题的检查点，使可疑的访问被拒之门外。

（二）防火墙的不足

防火墙目前还存在不少不足，主要表现为以下几点。

1. 不能防范恶意的知情者

防火墙可以禁止系统用户通过网络连接发送某些特定的信息，但用户可以复制数据，然后携带出去。如果入侵者已经在防火墙的内部，防火墙是无能为力的。内部用户可以随意偷窃数据、破坏课件和软件，并且不通过防火墙就能巧妙地修改程序。防范知情者的威胁只能加强内部管理，如主机安全和用户教育等。

2. 不能防范不通过它的连接

防火墙能够有效地防止通过它进行信息传输，然而不能防止不通过它传输的信息。例如，如果站点允许对防火墙后面的内部系统进行拨号访问，那么防火墙就没有办法阻止入侵者进行拨号入侵。

3. 不能防备全部的威胁

防火墙主要是用来防备已知的威胁，如果是一个很好的防火墙设计方案，可以防备新的威胁，但没有一个防火墙能够自动防御所有的新的威胁。

4. 不能防范病毒

目前，防火墙还不能消除网络上的 PC 机病毒，必须与杀毒软件搭配使用才能防范病毒。

第二节　防火墙的种类

各站点的防火墙的构造是不同的，通常一个防火墙由一套硬件（如一个路由器，或一台堡垒主机）和适当的软件组成。组成的方式可以有很多种，这要取决于站点的保护要求、经费的多少以及其他的综合因素。但是防火墙也不仅仅是路由器、堡垒主机或任何提供网络安全的设备的组合，它是安全策略的一个部分。

防火墙技术可根据防范的方式和侧重点的不同分为很多种类型，但总体来讲可分为三大类：分组过滤器（Packet Filter）、代理（Proxy）和状态分析（Stateful Inspection），现代防火墙产品通常混合使用这几种技术。

一、分组过滤型防火墙

分组过滤（Packet Filtering）型防火墙，也叫包过滤防火墙，作用在网络层和传输层，它根据分组包的源地址、目的地址和端口号、协议类型等标志确定是否允许数据包通过。只有满足过滤逻辑的数据包才被转发到相应的目的地出口端，其余数据包则被从数据流中丢弃。

分组过滤或包过滤，是一种通用、廉价、有效的安全手段。之所以通用，是因为它不针对各个具体的网络服务采取特殊的处理方式；之所以廉价，是因为大多数路由器都提供分组过滤功能；之所以有效，是因为它能很大程度地满足企业的安全要求。

包过滤在网络层和传输层起作用。它根据分组包的源、宿地址，端口号及协议类型、标志确定是否允许分组包通过。所根据的信息来源于 IP、TCP 或 UDP 包。

包过滤的优点是不用改动客户机和主机上的应用程序，因为它工作在网络层和传输层，与应用层无关，仅用一个放置在重要位置上的包过滤路由器就可保护整个网络。但其弱点也是明显的：过滤判别的只有网络层和传输层的有限信息，因而各种安全要求不可能充分满足；在许多过滤器中，过滤规则的数目是有限制的，且随着规则数目的增加，性能会受到很大的影响；由于缺少上下文关联信息，不能有效地过滤如 UDP、RPC 一类的协议；另外，大多数过滤器中缺少审计和报警机制，且管理方式和用户界面较差；对安全管理人员素质要求高，建立安全规则时，必须对协议本身及其在不同应用程序中的作用有较深入的理解。因此，过滤器通常是和应用网关配合使用，共同组成防火墙系统。

二、应用代理型防火墙

应用代理（Application Proxy）型防火墙，也叫应用网关（Application Gateway）防火墙，它作用在应用层，其特点是完全"阻隔"了网络通信流，通过对每种应用服务编制专门的代理程序，实现监视和控制应用层通信流的作用，实际中的应用网关通常由专用工作站实现。

应用代理型防火墙是内部网与外部网的隔离点，起着监视和隔绝应用层通信流的作用，同时也常兼具过滤器的功能。

代理服务有两个优点：代理服务允许用户"直接"访问因特网；代理服务适合于做日志。

三、复合型防火墙

对于更高安全性的要求，常把基于包过滤的方法与基于应用代理的方法结合起来，形成复合型防火墙产品。复合型防火墙主要有以下两种方案。

（一）屏蔽主机防火墙体系结构

在该结构中，分组过滤路由器或防火墙与 Internet 相连，同时一个堡垒机安装在内部网络，通过在分组过滤路由器或防火墙上过滤规则的设置，使堡垒机成为 Internet 上其他节点所能到达的唯一节点，这确保了内部网络不受未授权外部用户的攻击。

（二）屏蔽子网防火墙体系结构

堡垒机放在一个子网内，形成非军事化区，两个分组过滤路由器放在这一子网的两端，使这一子网与 Internet 及内部网络分离。在屏蔽子网防火墙体系结构中，堡垒主机和分组过滤路由器共同构成了整个防火墙的安全基础。

四、选择防火墙的原则

在规划网络时，不能不考虑整体网络的安全性，而谈到网络安全，就不能忽略防火墙的功能。防火墙产品非常多，在选购防火墙时，应该考虑以下几点。

（一）一个好的防火墙应该是一个整体网络的保护者

一个好的防火墙应该能够保护整体网络，它所保护的对象应该是全部的 Intranet，并不仅是那些通过防火墙的使用者。

（二）一个好的防火墙必须能弥补其他操作系统的不足

一个好的防火墙必须是建立在操作系统之前而不是在操作系统之上的，所以，操作系统有些漏洞可能并不会影响一个好的防火墙系统所提供的安全性。由于硬件平台的普及以及执行效率的因素，大部分企业经常把对外提供各种服务的服务器分散在许多操作平台上，在无法保证所有主机安全的情况下，选择防火墙作为整体安全的保护者。这正说明了操作系统提供 B 级或是 C 级的安全并不一定会直接对整体安全造成影响，因为一个好的防火墙是能够弥补操作系统的不足的。

(三)一个好的防火墙应该为使用者提供不同平台的选择

由于防火墙并非完全由硬件构成,所以软件(操作系统)所提供的功能以及执行效率,一定会影响到整体的表现,而使用者的操作意愿及对防火墙软件的熟悉程度也是必须考虑的重点。因此,一个好的防火墙不仅本身要有良好的执行效率,还应该提供多平台的执行方式供使用者选择,毕竟使用者才是完全的控制者。使用者应该选择一套符合现有环境需求的软件,而并非为了软件的限制而改变现有环境。

(四)一个好的防火墙应能向使用者提供完善的售后服务

有新的产品出现,就会有人研究破解方法,所以,一个好的防火墙提供者必须有一个庞大的组织作为使用者的安全后盾,也应该有众多的使用者所建立的口碑为防火墙作见证。防火墙安装和投入使用后,并非万事大吉。要想充分发挥它的安全防护作用,必须对它进行跟踪和维护,要与商家保持密切的联系,时刻关注商家的动态。因为商家一旦发现其产品存在安全漏洞,那么会尽快发布补救产品,此时应尽快确认真伪(防止特洛伊木马等病毒),并对防火墙软件进行更新。

第三节 个人防火墙的使用

一、个人防火墙简介

(一)个人防火墙

1. 个人防火墙

网络安全防火墙(Firewall)可以在用户的计算机和 Internet 之间建立起一道屏障,使用户的计算机在很大程度上避免受到来自 Internet 的攻击。而面向个人用户的防火墙软件我们就称为个人防火墙(Personal Firewall)。

2. 个人防火墙的特点

①一般是软件防火墙。

②个人防火墙可以根据用户的要求隔断或连通用户的计算机与 Internet 之间的连接。用户可以通过设定规则(Rule)来决定哪些情况下防火墙应该隔断计算机与 Internet 间的数据传输,哪些情况下允许两者间的数据传输。

③与大型网络防火墙不同的是个人防火墙通常直接切入用户的个人操作系统，并接管用户操作系统对网络的控制，使得运行在系统上的网络应用软件在访问网络的时候，都必须经过防火墙的确认，从而达到控制用户计算机和 Internet 之间的连接目的。

（二）常见的个人防火墙

常见的个人防火墙有：瑞星、江民、天网、Norton、ZoneAlarm 等。

（三）个人防火墙需要进行的配置

一般来说，安装好的个人防火墙软件已经进行了一些初始配置，如 IP 规则、端口规则等，如果不出现特殊情况，用户不需要对这些配置进行更改。但要注意以下几方面的配置。

1. 防火墙的安全级别

多数的个人防火墙软件都会有可选的"安全级别"，一般为初级、中级和高级三种，初始一般都默认在"中级"，建议将安全级别设置为"高级"。

2. 自动加载

建议打开个人防火墙的自动加载选项，以便在 Windows 启动时自动启动防火墙，给系统以更好的保护。

3. 自动更新

一些优秀的个人防火墙软件都提供了"自动更新"功能，最佳选择是将这些选项打开，以便该防火墙软件可以经常进行自动升级，从而防止新的病毒、木马的攻击。

二、天网防火墙的工作原理

天网防火墙个人版是一款由天网安全实验室制作的用于个人电脑的网络安全程序。它根据系统管理者设定的安全规则把守网络，提供强大的访问控制、信息过滤等功能。它可以抵挡网络入侵和攻击，防止信息泄露，并可与天网安全实验室的网站相配合，根据可疑的攻击信息，来找到攻击者。天网防火墙把网络分为本地网和因特网，可以针对来自不同网络的信息，设置不同的安全方案。

（一）Internet 所采用的通信方式

只有了解不法分子是怎么利用网络进行入侵和攻击的，才能知道该用什么样的方法来防护。下面先介绍目前 Internet 所采用的通信方式有什么样的特点，而这些特点偏偏就是不法分子想要利用的。

目前 Internet 所用的可使各种各样不同的网络和计算机相联系的"语言"称作"TCP/IP 协议"。而作为这个"语言"赖以传播的元素——"TCP 协议"，是称为面向连接的可靠协议。它的可靠性是一种称为"三次握手"的处理所保障的，在通信的双方之间经过了"三次握手"之后，TCP 就认为双方都是可靠的，于是连接就建立起来了。

（二）个人版防火墙如何防御网络入侵和网络攻击

1. 个人版防火墙拦截探测数据包使入侵或攻击行为无从下手

①黑客发送探测数据包企图建立连接：作为一个入侵者，网络黑客在入侵一个系统之前，首先得确认系统是否存在和是否有入侵的可能。这个工作通常被称为"网络探测"。一个活动的而又没有任何安全防御措施的机器通常是入侵者们感兴趣的对象。

如上面所述的网络通信原理，基于 TCP/IP 协议的计算机本身并不会对所接收的请求判断是否是非法或者是虚假的。它只懂得聆听对方的回应：如果有合理的回应，那么对方的请求就是合法的并且是可靠的；如果没有回应或者回应是错误的，就认为对方是不可靠的。正因为这样的原因，入侵者可以利用通信协议的这个特点来确定对方的存在，然后再进行下一步的行动。

首先，黑客发出探测的数据包。如原理所述，这通常是一个同步的 TCP 请求包（也可以是更为简单的 ICMP 协议数据包，这种手法已经过时）。询问对方是否存在。

其次，本地机器忠实地回应了黑客的探测数据包。由此，黑客知道了机器不仅存在还运行着，这就为下一步的行动做好了准备。

对于本身并不需要提供 Internet 服务的个人网络用户而言，如果能够很好地处理这些并不需要接受的请求，那样的话安全性就会大大提升了。个人版防火墙所做的网络安全屏障，第一步就是要让这些网络探测在防火墙面前失效。

②黑客所发出的探测数据包被天网个人版所拦截，用户的计算机并不会对黑客的电脑回应，所以，黑客无从得知用户计算机的基本信息，入侵或攻击行为无从下手。

2. 个人版防火墙通过设置关闭端口保护计算机免遭攻击

如果入侵者（黑客）已经通过其他的方式探测到用户的机器，正准备对用户的计算机进行入侵或者破坏，这时可以设置关闭端口保护计算机免遭攻击。

①端口：TCP/IP 的网络访问除了用户 IP 之外，还有一个很重要的元素就是端口（Port）。当入侵者知道了用户机器的存在之后，接下来的步骤就是要探测出用户的机器开了哪些门可以进出，这些门就是用户机器所打开的端口。

②关闭端口提高安全性：防火墙可以为用户关闭不再使用的端口，这相当于关闭了入侵者可能进入的大门，也就减少了计算机被入侵的机会。对用户而言，机器打开的端口越少，入侵者能选择的入侵路径就越少，那么安全性就会越高。

由于没有进出的门，黑客即便知道了用户机器的存在，也只能吃闭门羹了。

3. 个人版防火墙利用"外墙"和"内墙"防护"木马"的攻击

当然，高明的入侵者并不会这样被动的，如果没有门，就想办法打开它，无中生有的办法有很多，最直接的方法（也是最流行的方法）就是种木马。

①利用外墙拦截木马：所谓的"特洛伊木马"，就是一种基于客户机/服务器模式的远程控制程序，它让用户的机器运行服务器端的程序，这个服务器端的程序会在用户的计算机上打开监听的端口。这就给黑客入侵用户计算机打开了进出的门，然后，黑客就可以利用木马的客户端对用户的计算机进行入侵。

木马的对手是防火墙，防火墙的双墙结构可以有效地拦截目前已知的各种木马遥控。防火墙利用"外墙"IP 包过滤规则来拦截木马程序的遥控，由于木马程序都会打开自己的监听端口，所以，只要利用 IP 包过滤规则拦截掉连接到这个监听端口的数据包，那么木马就无事可干，失去它作为木马的功能了。

②利用内墙拦截"木马"：有的木马很聪明，它会利用传统防火墙只对外部发起的连接请求验证严格，而对内部发起的连接请求无条件信任的特点。假冒是系统的合法网络请求来取得对外的端口，再通过某些方式连接到木马的客户端，从而窃取用户计算机的资料同时遥控计算机本身。

有着上面工作方式的木马，我们称为"反弹式木马"。由于 IP 包过滤要维护一个 IP 地址和端口的规则表，而偏偏"反弹式木马"利用的是系统的合法访问方式，所以，这种木马仅靠传统的 IP 包过滤防火墙是无法防御的。这时就需要利用"内墙"进行拦截。

防火墙"内墙"：应用程序访问网络规则，专门审核存在于用户计算机内部的各种不法程序对网络的应用。因此，"内墙"可以有效地防御像"反弹式木马"那样骗取系统合法认证的非法程序。

当用户计算机内部的应用程序访问网络的时候，必须经过防火墙内墙的审核。合法的应用程序被审核通过，而非法的应用程序将会被防火墙的"内墙"所拦截。

（三）对天网防火墙进行保护个人电脑的设置

通过以下设置可以最大限度地保护个人电脑。

①允许应用程序访问网络，但访问时需要经过确认，并在规则中记录这些程序。

②只要打开天网已经定制的缺省规则，就完全可以保护个人电脑了。

③拦截非法网站，防止非法网站访问本地资源并修改本地硬盘数据。

④防止他人用 Ping 命令探测。

⑤开机后自动启动防火墙。

另外，天网防火墙还能够抵御远程控制软件，只要在防火墙规则中设置拦截非法网站，防止非法网站访问本地资源并修改本地硬盘数据即可。

第七章 入侵检测及安全扫描技术

第一节 计算机黑客

在网络时代的今天,我们不但需要具备丰富的网络知识,而且还应具有一定的反黑客知识和反黑客意识。虽然网络安全在不断地完善,但黑客的攻击能力也在不断提高。目前,黑客的攻击已经成为网络安全的最大隐患。

一、计算机黑客概述

(一)什么是计算机黑客

从信息安全角度来说,黑客的普通含义是特指对计算机系统的非法侵入者。

黑客,也称为"骇客",是英文 Hacker 的音译。黑客(Hacker)一词最初是给一位天才程序员起的术语,他能把一个应用程序组合起来或拆开去解决问题。

如今,黑客被定义为非法搜索和渗透计算机网络访问和使用数据的人。"黑客"大都是程序员,他们对操作系统和编程语言有着深刻的认识,乐于探索操作系统的奥秘,了解系统的漏洞。多数黑客痴迷计算机,他们毫无顾忌地非法闯入信息禁区或者重要网站,以窃取重要的信息资源、篡改网址信息或者删除内容为目的。目前黑客已成为入侵者、破坏者的代名词。

当今黑客已成为一个特殊的社会群体。在欧美等国有不少完全合法的黑客组织,黑客们经常召开黑客技术交流会。如 1997 年 11 月,在纽约就召开了世界黑客大会,入会者达四五千人之多。随着我国计算机技术的不断发展,我国的黑客数量越来越庞大,黑客网站也越来越多,在因特网上随时都可以找到介绍黑客攻击手段、免费提供各种黑客工具软件、黑客杂志等资料，这使得普通人也能很容易地下载一些简单的黑客工具，并学会使用黑客工具对网络进行某种程度的攻击，导致网络安全环境的进一步恶化。

（二）黑客的分类

黑客又分为白帽子黑客（White Hat Hacker）与黑帽子黑客（Black Hat Hacker）。前者是被专门雇佣来测试计算机网络的安全；后者有时被称为计算机窃贼，他们不做警告闯入一个系统，利用系统非法获取计算机信息。

黑帽子黑客大致可分为以下几种类型。

1. 好奇型

他们只在好奇心驱使下进行一些并不恶意的攻击，当发现了某些内部网络漏洞后，会主动向网络管理员指出或帮助修改网络错误。

2. 恶作剧型

他们篡改、更换网站信息或者删除该网页的全部内容，以寻求刺激和炫耀自己的网络攻击能力。

3. 隐秘型

他们通常以匿名身份对网络进行攻击，有时干脆冒充网络合法用户，通过正常渠道侵入网络后再进行攻击。

4. 炸弹型

他们为了达到个人目的，通过在网络上设置陷阱或事先在网络维护软件内置入逻辑炸弹或后门程序，在特定的条件下干扰网络正常运行，致使网络完全瘫痪。

（三）黑客的危害

黑客对于窥视别人在网络上的秘密有着特别的兴趣，如政府和军队的机密、企业的商业秘密以及个人隐私等均在他们的注视之下。

1990年4月到1991年5月，几名荷兰黑客自由进出美国国防部的34个站点，如入无人之境，调出了所有包含"武器""导弹"等关键词的信息，而美国国防部当时竟一无所知。

在1991年的海湾战争中，美国首次将信息战用于实战。但黑客很快就攻击了美国军方的网络系统。同时，黑客们将窃取到的部分美军机密文件提供给了伊拉克。

1996 年 9 月 18 日，美国中央情报局的网页被一名黑客破坏，"中央情报局"被篡改成"中央愚蠢局"。

德国 ALLDas.de 网站 2001 年发布了全球排名前 25 位的黑客和黑客集团，在总共 1946 个黑客和黑客集团中，排名榜首的是一个外号"银色上帝"（Silver Lords）的黑客组织，紧随其后的就是在中美黑客大战中臭名昭著的 PoisonBOx。"中国红客联盟"（H.U.C）排名第 25 位。

二、黑客入侵的主要攻击方式

（一）黑客攻击的分类

黑客攻击是计算机网络所面临的最大威胁。此类攻击又可以分为两种：一是网络攻击，以各种方式有选择地破坏对方信息的有效性和完整性；二是网络侦察，是在不影响网络正常工作的情况下，进行截获、窃取、破译以获得对方重要的机密信息。这两种攻击均可对计算机网络造成极大的危害。

（二）主要的攻击方式

在 Internet 上，黑客提出采用 IP 欺骗、口令攻击、端口扫描、网络监听、后门程序、炸弹攻击、DoS 攻击等手段进行攻击。

1. IP 欺骗

TCP/IP 协议是当前 Internet 上的主要协议，但是其本身也存在一些不安全的地方。利用这些漏洞，黑客可以展开一些底层的攻击。

2. 口令攻击

黑客攻击目标时常常把破译普通用户的口令作为攻击的开始。例如，BBS、E-mail 等服务中，口令和账户是至关重要的，而这也是黑客最感兴趣的。黑客可以通过口令猜测等手段获得用户的账号和密码，然后对计算机进行攻击。

3. 端口扫描

TCP/IP 协议中每一个服务都有相应的服务端口，如 HTTP 的服务端口是 80，FTP 的端口是 21 等。黑客必须知道用户的机器上有哪些服务才能进攻，所以他就要进行端口扫描。

4. 网络监听

网络监听是主机的一种工作模式。在此模式下，主机可以接收本网段在同一条物理通道上传输的所有信息,从而截获通信的内容。如果两台主机进行通信的信息没有加密,则包括账号、口令在内的信息都可以轻易获得。

5. 后门程序

后门的存在是为了便于测试、更改和增强模块的功能,这就方便了程序的作者秘密使用,也可能被少数别有用心的人发现并利用。如特洛伊木马(又称"后门")是一个可以驻留在目标主机上的一个程序。它能在计算机启功时自动加载或者由黑客用某种方法启动,运行后一般没有任何界面,自动打开一个计算机端口,然后在这个端口上进行活动,黑客就可以通过这个端口进行一些非法操作。

6. 炸弹攻击

炸弹攻击的基本原理是利用特殊工具软件,在短时间内向目标集中发送大量超出系统接收能力的信息或者垃圾信息,目的是使被攻击的机器出现超负荷、网络堵塞。常见的炸弹攻击有邮件炸弹、逻辑炸弹、聊天室炸弹等。

7. DoS 攻击

DoS 是 Denial of Service 的简称,即拒绝服务,造成 DoS 的攻击行为被称为 DoS 攻击,其目的是使计算机或网络无法提供正常的服务。最常见的 DoS 攻击有计算机网络带宽攻击和连通性攻击。带宽攻击是指以极大的通信量冲击网络,使得所有可用网络资源都被消耗殆尽,最后导致合法的用户请求无法通过。连通性攻击是指用大量的连接请求冲击计算机,使得所有可用的操作系统资源都被消耗殆尽,最终计算机无法再处理合法用户的请求。

三、木马攻击简介

(一)木马的概念

网络中的"木马"是一种经过伪装的欺骗性程序,它通过伪装吸引用户下载执行,从而破坏或窃取使用者的重要文件和资料。木马程序与一般的病毒不同,它不会自我繁殖,也并不"刻意"去感染其他文件,它的主要作用是向施种木马者打开被种者计算机的门户,使对方可以任意破坏、窃取你的文件,甚至远程操控你的计算机。

(二)木马的组成

一个完整的木马系统由硬件部分、软件部分和具体连接部分组成。

1. 硬件部分

硬件部分是指建立木马连接所必需的硬件实体，具体包括以下几方面。①控制端：对服务端进行远程控制的一方。②服务端：被控制端远程控制的一方。③Internet：控制端对服务端进行远程控制、数据传输的网络载体。

2. 软件部分

软件部分是指实现远程控制所必需的软件程序，具体包括以下几方面。①控制端程序：用以远程控制服务端的程序。②木马程序：潜入服务端内部，获取其操作权限的程序。③木马配置程序：设置木马程序的端口号、触发条件、木马名称等，使其在服务端藏得更隐蔽的程序。

3. 具体连接部分

具体连接部分是指通过 Internet 在服务端和控制端之间建立一条木马通道所必需的元素，具体包括以下几方面。①控制端 IP、服务端 IP，即控制端、服务端的网络地址，也是木马进行数据传输的目的地。②控制端端口、服务端口，即控制端、服务端的数据入口，通过这个入口，数据可直达控制端程序或木马程序。

（三）木马的种类

木马的种类大致可以分为远程控制木马、密码盗取木马、键盘记录木马、DoS 攻击木马、FTP 木马、破坏性木马、代理木马、反弹端口型木马。

（四）木马攻击原理

用木马这种黑客工具进行网络入侵，从过程上看大致可分为以下六步。

1. 配置木马

一个设计成熟的木马都有木马配置程序，从具体的配置内容看，主要是为了实现以下两个功能。

①木马伪装。木马配置程序为了在服务端尽可能地隐藏木马，会采用多种伪装手段，如修改图标、捆绑文件、定制端口、自我销毁等。

②信息反馈：木马配置程序将信息反馈的方式或地址进行设置，如设置消息反馈的邮件地址、IRC 号、ICO 号等。

2. 传播木马

传播木马的方式包括传播方式和伪装方式。

（1）传播方式

木马的传播方式主要有两种：①通过 E-mail，控制端将木马程序以附件的形式夹在邮件中发送出去，收信人只要打开附件系统就会感染木马；②软件下载，一些不正规的网站以提供软件下载为名义，将木马捆绑在软件安装程序上，下载后，只要一运行这些程序，木马就会自动安装。

（2）伪装方式

鉴于木马的危害性，很多人对木马知识还是有一定了解的，这对木马的传播起了一定的抑制作用，这是木马设计者所不愿见到的，因此，他们开发了多种功能来伪装木马，以达到降低用户警觉、欺骗用户的目的。

①修改图标：现在已经有木马可以将木马服务端程序的图标改成 HTML、TXT、ZIP 等各种文件的图标。

②捆绑文件：这种伪装手段是将木马捆绑到一个安装程序上，当安装程序运行时，木马在用户毫无察觉的情况下，偷偷地进入了系统。被捆绑的文件一般是可执行文件。

③出错显示：有一定木马知识的人都知道，如果打开一个文件，没有任何反应，这很可能就是个木马程序，木马的设计者也意识到这个缺陷，所以，已经有木马提供了一个叫作出错显示的功能。当服务端用户打开木马程序时，会弹出一个错误提示框（这当然是假的），错误内容可自由定义，大多会定制成一些诸如"文化已破坏，无法打开！"之类的信息，当服务端用户信以为真时，木马却悄悄侵入了系统。

④定制端口：很多老式的木马端口都是固定的，这给判断是否感染了木马带来了方便，只要查一下特定的端口就知道感染了什么木马，所以现在很多新式的木马都加入了定制端口的功能，控制端用户可以在 1024～65535 之间任选一个端口作为木马端口（一般不选 1024 以下的端口），这样就给判断所感染的木马类型带来了麻烦。

⑤自我销毁：这项功能是为了弥补木马的一个缺陷。当服务端用户打开含有木马的文件后，木马会将自己拷贝到 Windows 的系统文件夹中（C:\WINDOWS 或 C:\WINDOWS\SYSTEM 目录下），一般来说，原木马文件和系统文件夹中的木马文件的大小是一样的（捆绑文件的木马除外），那么中了木马的用户只要在近来收到的信件和下载的软件中找到原木马文件，然后根据原木马的大小去系统文件夹找相同大小的文件，判断一下哪个是木马就行了。而木马的自我销毁功能是指安装完木马后，原木马文件将自动销毁，这样服务端用户就很难找到木马的来源，在没有查杀木马的工具的帮助下，就很难删除

木马了。

⑥木马更名：安装到系统文件夹中的木马的文件名一般是固定的，那么，只要根据一些查杀木马的文章，在系统文件夹查找特定的文件，就可以断定中了什么木马。但是，现在有很多木马都允许控制端用户自由定制安装后的木马文件名，这样就很难判断所感染的木马类型了。

3. 运行木马

服务端用户运行木马或捆绑木马的程序后，木马就会自动进行安装。首先将自身拷贝到 Windows 的系统文件夹中（C：\WINDOWS 或 C：\WINDOWS\SYSTEM 目录下），然后在注册表、启动组、非启动组中设置好木马的触发条件，这样木马的安装就完成了，安装后就可以启动木马了。

木马被激活后，进入内存，并开启事先定义的木马端口，准备与控制端建立连接。这时服务端用户可以在 MS-DOS 方式下，键入 NETSTAT-AN 查看端口状态，一般个人电脑在脱机状态下是不会有端口开放的，如果有端口开放，你就要注意是否感染木马了。

在上网过程中要下载软件、发送信件、网上聊天等肯定要打开一些端口，下面是一些常用的端口。

① 1～1024 之间的端口：这些端口叫保留端口，是专给一些对外通信的程序用的，如 FTP 使用 21、SMTP 使用 25、POP3 使用 110 等。只有很少木马会用保留端口作为木马端口。

② 1025 以上的连续端口：在上网浏览网站时，浏览器会打开多个连续的端口下载文字、图片到本地硬盘上，这些端口都是 1025 以上的连续端口。

③ 4000 端口：这是 OICQ 的通信端口。

④ 6667 端口：这是 IRC 的通信端口。除上述的端口基本可以排除在外，如发现还有其他端口打开，尤其是数值比较大的端口，那就要怀疑是否感染了木马，当然如果木马有定制端口的功能，那任何端口都有可能是木马端口。

4. 信息泄露

一般来说，设计成熟的木马都有一个信息反馈机制。所谓信息反馈机制是指木马成功安装后会收集一些服务端的软硬件信息，并通过 E-mail，IRC 或 ICO 的方式告知控制端用户。

5. 建立连接

一个木马连接的建立必须满足两个条件：一是服务端已安装了木马程序；

二是控制端、服务端都要在线，在此基础上控制端可以通过木马端口与服务端建立连接。

假设 A 机为控制端，B 机为服务端，对于 A 机来说要与 B 机建立连接必须知道 B 机的木马端口和 IP 地址，由于木马端口是 A 机事先设定的，为已知项，所以，最重要的是如何获得 B 机的 IP 地址。获得 B 机的 IP 地址的方法主要有两种：信息反馈和 IP 扫描。我们重点来介绍 IP 扫描，因为 B 机装有木马程序，所以它的木马端口 7626 是处于开放状态的，所以现在 A 机只要扫描 IP 地址段中 7626 端口开放的主机就行了，假设 B 机的 IP 地址是 202.102.47.56，当 A 机扫描到这个 IP 时发现它的 7626 端口是开放的，那么这个 IP 就会被添加到列表中，这时 A 机就可以通过木马的控制端程序向 B 机发出连接信号，B 机中的木马程序收到信号后立即做出响应，当 A 机收到响应的信号后，开启一个随机端口 1031 与 B 机的木马端口 7626 建立连接，到这时一个木马连接才算真正建立。值得一提的是，要扫描整个 IP 地址段显然费时费力，一般来说控制端都是先通过信息反馈获得服务端的 IP 地址，由于拨号上网的 IP 是动态的，即用户每次上网的 IP 都是不同的，但是这个 IP 是在一定范围内变动的，B 机的 IP 是 202.102.47.56，那么 B 机上网 IP 的变动范围：202.102.000.000～202.102.255.255，所以每次控制端只要搜索这个 IP 地址段就可以找到 B 机了。

6. 远程控制

木马连接建立后，控制端端口和木马端口之间将会出现一条通道。控制端上的控制端程序可借这条通道与服务端上的木马程序取得联系，并通过木马程序对服务端进行远程控制。下面我们就介绍一下控制端具体能享有哪些控制权限。

①窃取密码。一切以明文的形式或缓存在 Cache 中的密码都能被木马侦测到，此外，很多木马还提供击键记录功能，它将会记录服务端每次敲击键盘的动作，所以，一旦有木马入侵，密码将很容易被窃取。

②文件操作。控制端可借由远程控制对服务端上的文件进行删除、新建、修改、上传、下载、运行、更改属性等一系列操作，基本涵盖了 Windows 平台上所有的文件操作功能。

③修改注册表。控制端可任意修改服务端注册表，包括删除、新建或修改主键、子键、键值。有了这项功能，控制端就可以禁止服务端软驱、光驱的使用，锁住服务端的注册表，将服务端上木马的触发条件设置得更隐蔽等。

（4）系统操作。这项内容包括重启或关闭服务端操作系统，断开服务端网络连接，控制服务端的鼠标、键盘，监视服务端桌面操作，查看服务端进程等，控制端甚至可以随时给服务端发送信息。

（五）木马的防范

1. 不要打开陌生人来信中的附件

当你收到陌生人寄来的一些自称是"不可不看"的有趣东西时，千万不要不加思索地贸然打开它。

2. 多读 readme.txt

许多人出于研究目的下载了一些特洛伊木马程序的软件包，在没有弄清软件包中几个程序的具体功能前，就匆匆地执行其中的程序，这样往往就错误地执行了服务器端程序而使用户的计算机成了特洛伊木马的牺牲品。软件包中经常附带的 readme.txt 文件会有程序的详细功能介绍和使用说明，有必要养成在使用任何程序前先读 readme.txt 的好习惯。

有许多程序说明做成可执行的 readme.exe 形式，readme.exe 往往捆绑有病毒特洛伊木马程序，或者干脆就是由病毒程序、特洛伊木马的服务器端程序改名而得到的，目的就是让用户误以为是程序说明文件去执行它，可谓用心险恶。所以，从互联网上得来的 readme.exe 最好不要执行它。

3. 使用杀毒软件

现在国内的杀毒软件都推出了清除某些特洛伊木马的功能，KV、KILL、瑞星等，可以不定期地在脱机的情况下对某些特洛伊木马进行检查和清除。另外，有的杀毒软件还提供网络实时监控功能，这一功能可以在黑客从远端执行用户机器上的文件时，提供报警或让执行失败，使黑客向用户机器上载可执行文件后无法正确执行，从而避免了进一步的损失，但是要记住，它不是万能的。

4. 立即挂断

尽管造成上网速度突然变慢的原因有很多，但有理由怀疑大多数情况下是由特洛伊木马造成的。当入侵者使用特洛伊的客户端程序访问你的机器时，会与你的正常访问抢占带宽，特别是当入侵者从远端下载用户硬盘上的文件时，用户的正常访问会变得奇慢无比。这时可以双击任务栏右下角的连接图标，仔细观察一下"已发送字节"项，如果数字变成 1～3kbit/s，基本可以确认有人在下载你的硬盘文件（除非你正在使用 FTP 功能）。对 TCP/IP 端口熟悉的用户，可以在"MS-DOS方式"下键入"NeTSTAN-AN"来观察与你机器相连的当前所有通信进程,当有具体的IP正使用不常见的端口(一般大于1024)与你通信时,这一端口很可能就是特洛伊木马的通信端口。当发现上述可疑迹象后,你所能做的就是:立即挂断,然后对硬盘有无特洛伊木马进行认真的检查。

5. 观察目录

普通用户应当经常观察位于 C:\、C:\WINDOWS、C:\WINDOWS\SYSTEM 这三个目录下的文件。用"记事本"逐一打开 C:\ 下的非执行类文件(除 exe、bat、com 以外的文件),查看是否发现特洛伊木马、击键程序的记录文件,在 C:\WINDOWS 或 C:\WINDOWS\SYSTEM 下如果有光有文件名没有图标的可执行程序,你应该把它们删除,然后再用杀毒软件进行认真的清理。

6. 备份

在删除木马之前,最重要的一项工作是备份,需要备份注册表,防止系统崩溃。备份你认为是木马的文件,如果不是木马就可以恢复,如果是木马你就可以对木马进行分析。

四、DoS 攻击简介

(一)拒绝服务(DoS)攻击

1. 什么是 DoS 攻击

DoS 是 Denial of Service 的简称,即拒绝服务,造成 DoS 的攻击行为被称为 DoS 攻击,其目的是使计算机或网络无法提供正常的服务。最常见的 DoS 攻击有计算机网络带宽攻击和连通性攻击。带宽攻击是指以极大的通信量冲击网络,使得所有可用网络资源都被消耗殆尽,最后导致合法的用户请求无法通过。连通性攻击是指用大量的连接请求冲击计算机,使得所有可用的操作系统资源都被消耗殆尽,最终计算机无法再处理合法用户的请求。

最基本的 DoS 攻击就是利用合理的服务请求来占用过多的服务资源,致使服务超载,无法响应其他的请求。

2. 几种常见的 DoS 攻击

常见的 DoS 攻击包括:Ping 攻击、UDP 攻击、SYN Flood 攻击、Land 攻击、Smurf 攻击、电子邮件炸弹和畸形消息攻击。

（二）分布式拒绝服务（DDoS）攻击

1. DDoS 攻击的概念

DDoS 攻击手段是在传统的 DoS 攻击基础之上产生的一类攻击方式。单一的 DoS 攻击一般是采用一对一方式，当攻击目标 CPU 速度低、内存小或者网络带宽小等各项性能指标不高时，它的效果是明显的。随着计算机与网络技术的发展，计算机的处理能力迅速增长，内存大大增加，同时也出现了千兆带宽级别的网络，这使得 DoS 攻击的困难程度加大了。例如，你的攻击软件每秒钟可以发送 3000 个攻击包，但我的主机与网络带宽每秒钟可以处理 10000 个攻击包，这样一来攻击就不会产生什么效果。此时，DDoS 攻击手段就应运而生了。你理解了 DoS 攻击的话，那么 DDoS 攻击的原理就很简单了。如果说计算机与网络的处理能力加大了 10 倍，用一台攻击机来攻击不再起作用的话，攻击者使用 10 台攻击机同时攻击呢？用 100 台呢？DDoS 就是利用更多的傀儡机来发起进攻，以比从前更大的规模来进攻受害者。

2. DDoS 攻击时的现象

①被攻击主机上有大量等待的 TCP 连接。
②网络中充斥着大量的无用的数据包，源地址为假。
③制造高流量无用数据，造成网络拥塞，使受害主机无法正常和外界通信。
④利用受害主机提供的服务或传输协议上的缺陷，反复高速地发出特定的服务请求，使受害主机无法及时处理所有正常请求。
⑤严重时会造成系统死机。

3. DDoS 的防范

目前为止，进行 DDoS 攻击的防御还是比较困难的。首先，这种攻击的特点是它利用了 TCP/IP 协议的漏洞，除非你不用 TCP/IP，才有可能完全抵御住 DDoS 攻击。一位资深的安全专家形象的比喻：DDoS 攻击就好像有 1000 个人同时给你家里打电话，这时候你的朋友还打得进来吗？

不过即使它难于防范，也不是说我们就应该逆来顺受，实际上防止 DDoS 攻击并不是绝对不可行的事情。因特网的使用者是各种各样的，与 DDoS 攻击做斗争，不同的角色有不同的任务。企业网管理员、ISP、ICP 管理员、骨干网络运营商均采取必要的防范措施，DDoS 攻击还是可以防范的。

五、对黑客的防范

（一）检查计算机是否被黑客入侵

在计算机网络飞速发展的同时，黑客技术也日益高超。目前黑客能运用的攻击软件已有1000多种。借助黑客工具软件，黑客可以有针对性地不断对目标网络发动袭击令其瘫痪，多名黑客甚至可以借助同样的软件在不同的地点"集中火力"对一个或者多个网络发起攻击。黑客们还可以把这些软件神不知鬼不觉地通过互联网安装到他人的计算机上，然后在计算机主人根本不知道的情况下"借刀杀人"，以别人的计算机为平台对目标网站发起攻击。美国军方认为，在未来计算机网络进攻战中，"黑客战"将是其基本的战法之一。发现黑客是网络防护的重要步骤。

1. 现象

用户的计算机在上网时表现出下面的特征，就有可能是遭到入侵了。

①没有运行大的程序，而系统的速度越来越慢。

②用Netstat命令查看计算机的网络状况，发现有非法端口打开，并有人连接用户。

③关闭所有上网的软件，却发现你的网络设备（Modem或者网卡）仍然闪烁不停（说明数据仍在传递）。

④在Windows 2000下，用Administrator登录，却发现同时有两个Administrator管理员。

⑤计算机有时突然死机，然后又重新启动。

⑥在没有执行什么操作的时候，计算机却在拼命地读写硬盘或系统莫名其妙地对软驱进行搜索。

2. 如何发现

下面介绍发现黑客的方法。

①检查网络的连接状态：在Windows 98/Me/2000/XP中，都可以利用操作系统本身所提供的Netstat命令来检查我们的计算机网络的连接状态。

②使用黑客防范软件进行检测。

（二）对黑客的防范

理论上开放系统都会有漏洞，正是这些漏洞被一些高技术水平和超强耐性的黑客所利用。黑客们最常用的手段是获得超级用户口令，他们总是先分析目标系统正在运行哪些应用程序，目前可以获得哪些权限，有哪些漏洞可加以利用，并最终利用这些漏洞获取超级用户权限，达到他们的目的。因此，对黑客攻击的防御，主要从访问控制技术、防火墙技术和信息加密技术入手。

1. 访问控制

访问控制是网络安全防范和保护的主要策略，它的主要任务是保证网络资源不被非法使用和非法访问，是维护网络系统安全、保护网络资源的重要手段。可以说访问控制是保证网络安全最重要的核心策略之一。访问控制技术主要包括以下七种。

①入网访问控制。
②网络权限控制。
③目录级安全控制。
④属性安全控制。
⑤网络服务器安全控制。
⑥网络监测和锁定控制。
⑦网络端口和节点安全控制。

根据网络安全等级和网络空间环境的不同，用户可灵活地设置访问控制的种类和数量，从而达到保护网络安全的目的。

2. 防火墙技术

防火墙是近期发展起来的一种保护计算机网络安全的技术性措施，是一个用以阻止网络中的黑客访问某个机构网络的屏障，也可称为控制进/出两个方向通信的门槛。

3. 信息加密技术

信息加密的目的是保护网内的数据、文件、口令和控制信息，保护网上传输的数据。密码技术是网络安全最有效的技术之一，一个加密网络，不但可以防止非授权用户的搭线窃听和入网，而且也是对付恶意软件的有效方法之一。

第二节　网络监听与防范

一、网络监听原理

（一）网络监听概念

网络监听是攻击者最常用的一种方法，当信息在网络中进行传播的时候，攻击者可以利用一种工具，将网络接口设置成监听模式，便可将网络中正在传播的信息截获或者捕获到，从而进行攻击。

MAC 地址即网卡的物理地址，也称硬件地址或链路地址，是网卡自身的唯一标识，不能随意改变。MAC 地址的长度为 48 位二进制数，由 12 个十六进制数组成，每两个十六进制之间用 "-" 隔开，如 "00-A0-5C-6D-E3"。许多网络监控工具都是通过 MAC 地址来识别用户，并通过收发底层数据包来监控用户。

（二）网络监听原理

在一个非交换式局域网中，数据是以广播的形式传递的。通常，数据被送往网络中的每个节点和工作站，然后每个接收者判断这条信息的目标地址与它的地址是否相同。如果相同则接收，否则就忽略。但是，如果不忽略的话，它们也是可以得到该信息的。网络监控工具或网络监听工具就是利用这点来获得网段上的所有信息，达到监控或监听的目的。

在 Internet 上同样可以实现网络监听，由于现在的 Internet 由众多局域网组成，很多计算机由集线器和交换机连接到一起，当一台主机向另外一台主机发送数据时，由集线器把数据向各个接口进行转发，当数据帧到达一台主机的网络接口时，如果数据帧中携带的物理地址是自己的或者是广播地址，网络接口读入数据帧，进行检查，否则就将这个帧丢弃。如果连接在同一条电缆或集线器上的主机被逻辑地分为几个子网时，也就是说虽然这些主机不在同一个子网但都连接到同一台物理设备上，只要这台主机处于监听模式下，它照样能接收到发向与自己不在同一子网的主机的数据包。网络监听只能获取一个物理网段上的数据包，也就是说监听主机和目标主机中间不能有路由器和其他屏蔽广播数据包的设备，所以对于普通的拨号用户是不可能在本机上来实现网络监听的。

二、网络监听的检测和防范

（一）Windows 自带网络使用工具

1. Ping

Ping 用于确定本地主机是否能与另一台主机交换（发送与接收）数据包。根据返回的信息，就可以推断 TCP/IP 参数是否设置得正确以及运行是否正常。如果 Ping 运行正确，大体上就可以排除网络访问层、网卡、Modem 的输入输出线路、电缆和路由器等存在故障，从而确定问题的范围。

使用 Ping 命令检测网络故障的方法如下所示。

① ping 127.0.0.1。这个 Ping 数据包被送到本地计算机的 IP 软件，该命令永不退出该计算机。没有应答则表示 TCP/IP 的安装或运行存在问题。

② ping 本机 IP。这个 Ping 数据包被送到本地计算机所配置的 IP 地址，本地计算机应该对该 Ping 命令做出应答，没有应答则表示本地配置或安装存在问题，此时应断开网络电缆，重新发送该命令，如果存在应答，则表示同一网段上存在另一台 IP 地址相同的计算机。

③ ping 局域网内其他 IP。这个 Ping 数据包经过网卡及网络电缆达到其他计算机，再返回。收到回送应答表明本地网络中的网卡和载体运行正确，没有则表示网卡配置错误或电缆系统有问题。

④ ping 网关 IP。这个命令如果应答正确，表示局域网中的网关路由器正在运行并能够做出应答。

⑤ ping 远程 IP。如果收到四个应答，表示成功地使用了缺省网关。

Ping 命令常用参数选项使用和说明如下所示。

① ping IP-t：连续对 IP 地址执行 Ping 命令，直到被用户中断。

② ping IP-l 2000：指定 Ping 命令中的数据长度为 2000 字节，而不是缺省的 32 字节。

③ ping IP n：执行特定次数的 Ping 命令。

2. Netstat

Netstat 用于显示与 IP、TCP、UDP 和 ICMP 协议相关的统计数据，一般用于检验本机各端口的网络连接情况。常用选项如下所示。

① netstat-s：按照各个协议分布显示其统计数据。

② netstat-e：用于显示关于以太网的统计数据，它列出的项目包括传送的

数据包的总字节数、错误数、删除数、数据包的数量和广播的数量，可以通过这些数据来计算基本的网络流量。

③ netstat-r：显示关于路由器的信息。

④ netstat-a：显示一个所有的有效连接信息列表。

⑤ netstat-n：显示所有已建立的有效连接。

3. IPConfig

IPConfig 用于显示当前的 TCP/IP 配置的设置值，这些信息一般用于检验人工配置的 TCP/IP 设置是否正确。常用选项如下所示。

① ipconfig：显示 IP 地址、子网掩码和缺省网关值等。

② ipconfig/all：为 DNS 和 WINS 服务器显示它已配置且所要使用的附加信息，并且显示内置于本地网卡中的物理地址。

4. ARP

ARP 用于确定对应 IP 地址的网卡物理地址，使用 ARP 命令，可以查看本地计算机或另一台计算机的 ARP 高速缓存中的当前内容，以及用人工方式输入静态的网卡物理/IP 地址。常用选项卡如下所示。

① arp-a 或 arp-g：查看高速缓存中的所有项目。

② arp-a IP：显示指定 IP 地址 ARP 缓存项目。

③ arp-s IP 物理地址：向 ARP 高速缓存中人工输入一个静态项目，该项目在计算机引导过程中将保持有效状态，或者在出现错误时，人工配置的物理地址将自动更新该项目。

④ arp-d IP：人工删除一个静态项目。

5. Tracert

当数据包从计算机经过多个网关传递到目的地时，Tracert 命令可以用来跟踪数据包使用的路径。

（二）网络监听的防范

可以使用下面的方法来检测在自己网络上是否存在网络监听。

①如果你使用的是 Windows 操作系统，可以按下 Ctrl+Alt+Del 组合键，看一下计算机上运行着哪些应用程序，这样我们可以发现一些可疑的运行程序，这些可疑的运行程序有可能是网络监听软件。

②对怀疑有可能运行着网络监听程序的计算机，我们可以分别用正确的 IP

地址和错误的物理地址 Ping，如果计算机有响应，那么，这台计算机就有可能运行着监听程序，这是因为正常的计算机不能接收错误的物理地址，而处理监听状态的计算机则能接收。

第三节　安全扫描技术

一、端口

（一）端口的概念

在网络技术中，端口（Port）大致有两种意思：一是物理意义的端口，比如，ADSL Modem、集线器、交换机、路由器、用于连接其他网络设备的接口（如 RJ-45 端口、SC 端口）等；二是逻辑意义上的端口，一般是指 TCP/IP 协议中的端口，端口号的范围从 0 ~ 65535，比如，用于浏览网页服务的 80 端口，用于 FTP 服务的 21 端口等，下面将要介绍的就是逻辑意义上的端口。

（二）逻辑意义端口的分类

在计算机网络中，每个特定的服务都在特定的端口侦听，当用户有数据到达，计算机检查数据包中的端口号，再根据端口号将它们发向特定的端口。

逻辑意义上的端口有多种分类标准，下面介绍两种常见的分类。

1. 按分配方式

按分配方式，端口可分为公认端口、注册端口及动态（私有）端口。

①公认端口，端口号从 0 到 1023。这些端口紧密绑定于一些服务。其中 80 端口分配给 WWW 服务，25 端口分配给 SMTP 服务等，通常这些端口的通信明确表明了某种服务的协议。

②注册端口，端口号从 1024 到 49151，这些端口松散地绑定于一些服务。许多系统处理动态端口是从 1024 左右开始的。

③动态端口，又称私有端口，端口号从 49152 到 65535。理论上不应为服务分配这些端口，但也有例外，如 SUN 的 RPC 端口就是从 32768 开始的。

2. 按协议类型

按协议类型，端口可以分为 TCP、UDP、IP 和 ICMP（Internet 控制消息协议）等端口。下面主要介绍 TCP 和 UDP 端口。

① TCP 端口，即传输控制协议端口，需要在客户端和服务器之间建立连接，这样可以提供可靠的数据传输。常见的包括 FTP 服务的 21 端口，Telnet 服务的 23 端口，SMTP 服务的 25 端口，以及 HTTP 服务的 80 端口等。

② UDP 端口，即用户数据包协议端口，无须在客户端和服务器之间建立连接，安全性得不到保障。常见的有 DNS 服务的 53 端口，SNMP（简单网络管理协议）服务的 161 端口，QQ 使用的 8000 和 4000 端口等。

（三）端口的功能

端口是用来标识不同的 Internet 服务的。

例 7.1 举例说明端口的使用。

分析如下：

假如某公司的总机电话是 88886666，销售部的分机电话是 008，技术部的分机是 009……要找该公司销售部，首先要知道公司总机电话 88886666，而且还要知道分机 008 才能接通，同样要找技术部就要知道 009。这里的 88886666 就相当于 IP 地址，008 和 009 就相当于端口，是用来区分同一公司的不同服务部门的，也就是说知道了某台服务器的 IP 地址，并向它提供端口号，它才能把你需要的数据传送给你，当然那个端口必须是开放的，就好比公司的销售部必须是存在的一样。一般我们的浏览器默认是向 IP 地址为 80 的端口发送请求的。

二、端口扫描技术简介

（一）端口扫描的概念

端口扫描就是利用某种程序自动依次检测目标计算机上所有的端口，根据端口的响应情况判断端口上运行的服务。通过端口扫描，可以得到许多有用的信息，从而分析系统的安全漏洞。

（二）端口扫描的方法

一个端口就是一个潜在的通信通道，也就是一个入侵通道。对目标计算机进行端口扫描，能得到许多有用的信息。进行扫描的方法很多，可以是手工进行扫描，也可以用端口扫描软件进行扫描。

（三）手工扫描（系统内置的命令：Netstat）

Netstat 命令可以显示出你的计算机当前开放的所有端口，其中包括 TCP

端口和UDP端口。有经验的管理员会经常地使用它，以此来查看计算机的系统服务是否正常，是否被"黑客"留下后门、木马等。运行一下netstat-a看看系统开放了什么端口，并记录下来，以便以后作为参考使用，当发现有不明的端口时就可以及时地做出对策。

在Windows 2000/XP/Server 2003中要查看端口，可以使用Netstat命令。

（四）利用扫描软件扫描端口

1. 扫描软件

扫描器是一种能够自动检测远程或本地主机安全性弱点的程序，通过使用扫描器，可以不留痕迹地发现远程服务器的各种端口的分配、提供的服务以及他们使用的软件版本，这样能间接或直接地了解到远程主机所存在的问题。

2. Windows 2000下常用的扫描器

Windows 2000下常用的扫描器有：Mysfind扫描器、X-Scan扫描器和RangeScan扫描器。

3. X-Scan简介

它不仅是一个端口扫描软件，同时还是一个漏洞扫描器，其主要功能有：采用多线程方式对指定IP地址段（或单机）进行安全漏洞检测，支持插件功能，提供了图形界面和命令行两种操作方式，扫描内容包括：远程服务类型、操作系统类型及版本，各种弱口令漏洞、后门、应用服务漏洞、网络设备漏洞、拒绝服务漏洞等二十几个大类。

扫描器和监听工具一样，不同的人使用会有不同的结果。如果系统管理员使用了扫描器，它将直接有助于加强系统安全性，而对黑客来说，扫描器是他们进行攻击的入手点。不过，由于扫描器不能直接攻击网络漏洞，所以，黑客使用扫描器找出目标主机上各种各样的安全漏洞后，利用其他方法进行恶意攻击。

（五）端口扫描的防范

①安装一个防火墙，它可以及时发现黑客的扫描活动。

②另外，还可以安装一个扫描监测工具，可以在你连接上网络时保护电脑，防止黑客入侵。

③安装操作系统补丁程序。

④限制计算机端口的使用（关闭不用的端口）。

三、漏洞扫描技术概述

（一）漏洞扫描

许多系统都会有这样或那样的安全漏洞。漏洞扫描就是对重要计算机信息系统进行检查，发现其中的可被黑客利用的漏洞。

漏洞扫描的结果实际上就是系统安全性能的一个评估，它指出了哪些攻击是可能的，因此成为安全方案的一个重要组成部分。

（二）漏洞扫描分类

漏洞扫描从底层技术来划分，可以分为基于网络的扫描和基于主机的扫描这两种类型。

1. 基于网络的漏洞扫描

基于网络的漏洞扫描器，就是通过网络来扫描远程计算机中的漏洞，攻击者能够获取 Root 权限侵入系统或者攻击者能够在远程计算机中执行恶意代码。使用基于网络的漏洞扫描工具，能够监测到这些低版本的 DNS Bind 是否在进行。

一般来说，基于网络的漏洞扫描工具可以作为一种漏洞信息收集工具，他根据不同漏洞的特性，构造网络数据包，发给网络中的一个或多个目标服务器，以判断某个特定的漏洞是否存在。

2. 基于主机的漏洞扫描

基于主机的漏洞扫描器与基于网络的漏洞扫描器的原理类似，但是两者的体现结构不一样，基于主机的漏洞扫描器通常在目标系统上安装了一个代理（Agent）或者服务（Services），以便能够访问所有的文件与进程，这也使得基于主机的漏洞扫描能够扫描更多的漏洞。

第四节　入侵检测

一、入侵检测的概念

第一，入侵。入侵是指一些人（称为"黑客"）试图进入或者滥用计算机用户的系统，进行偷窃机密数据和干扰计算机系统的工作（如滥用用户的电子邮件系统发垃圾邮件）。

第七章　入侵检测及安全扫描技术

第二，入侵检测。入侵检测是近年来发展起来的一种防范技术，综合采用了统计技术、规则方法、网络通信技术、人工智能、密码学、推理等技术和方法，其作用是监控网络和计算机系统是否出现被入侵或滥用的征兆。1987年，桃乐茜·顿宁（Derothy Denning）首次提出了一种检测入侵的思想，经过不断发展和完善，作为监控和识别攻击的标准解决方案，IDS系统已经成为安全防御系统的重要组成部分。

入侵检测采用的分析技术可分为三大类：签名、统计和数据完整性分析法。

①签名分析法。主要用来检测对系统的已知弱点进行攻击的行为。人们从攻击模式中归纳出它的签名，编写到IDS系统的代码里，签名分析实际上是一种模板匹配操作。

②统计分析法。以统计学为理论基础，以系统正常使用情况下观察到的动作模式为依据来判别某个动作是否偏离了正常轨道。

③数据完整性分析法。以密码学为理论基础，可以查证文件或者对象是否被别人修改过。

IDS的种类包括基于网络和基于主机的入侵检测系统、基于特征的和基于非正常的入侵检测系统、实时和非实时的入侵检测系统等。入侵检测系统在近几年中飞速发展，许多公司已投入到这一领域中。思科、赛门铁克等公司都推出了自己的产品。

第三，协作式入侵检测技术。独立的入侵检测系统不能对广泛发生的各种入侵活动都做出有效的检测和反应，为了弥补独立运作的不足，人们提出了协作式入侵检测系统的想法。在协作式入侵检测系统中，IDS基于一种统一的规范，入侵检测组件之间自动地交换信息，并且通过信息的交换得到了对入侵的有效检测，可以应用于不同的网络环境。

二、入侵检测技术简介

（一）入侵检测的一般阶段

入侵检测一般包括日常对入侵的检测和发现被入侵后两个阶段。其中日常对入侵的检测是入侵检测的主要功能部分，也决定了入侵检测的正确性和及时性。而发现被入侵后这一阶段，不同的系统产品会有不同的做法，一般来说，都会进行以下几方面的操作。

第一，仔细寻找入侵者是如何进入系统的，设法堵住这个安全漏洞。

第二，检查所有的系统目录和文件是否被篡改过，尽快修复。

第三，改变系统中的部分密码，防止再次因密码被暴力破解而产生的漏洞。

日常阶段的入侵检测由信息收集和信息分析两部分组成。

1. 信息收集

入侵检测系统利用的信息一般来自下面四个方面。

①系统和网络日志文件。黑客经常会在系统日志文件中留下踪迹，因此，充分应用系统和网络日志文件是检测入侵的必要条件。

②目录和文件中不期望的改变。目录和文件发生被修改、创建和删除现象，就可能被入侵。

③程序执行中不期望的改变。网络上的程序一般包括操作系统、网络服务、用户启动的程序等，只要有一个进程出现了异常行为，就很可能被入侵。

④物理形式的入侵信息包括未经授权对网络的硬件连接和对物理资源的未授权访问。

2. 信息分析

一般通过模式匹配、统计分析、完整性分析三种技术手段进行分析。前两种方法用于实时的入侵检测，后一种方法用于事后分析。

①模式匹配，指将收集到的信息与已知的网络入侵和系统误用模式数据库进行比较，从而发现违背安全策略的行为。

②统计分析，指首先给系统对象创建一个统计描述，统计正常使用时的一些测量属性的平均值将被用来与网络、系统的行为进行比较，任何观察值在正常值之外，就认为有入侵发生。

③完整性分析，主要关注某个文件或对象是否被更改，只要有入侵导致文件其他对象的任何变化，都可识别。

（二）入侵检测系统的分类

基于不同的结构和侦听的策略，入侵检测系统可分为三类：主机型、网络型和主机/网络型。

1. 主机型

主机型的入侵检测系统为早期的入侵检测系统，该入侵检测系统是基于系统日志、应用程序日志或者通过操作系统的底层支持来进行分析，实时监视可疑的连接、系统日志检查以及特定应用的执行过程。主要用于保护自身所在的关键服务器。

在主机型的入侵检测系统中，在每一台被监控的服务器上都安装入侵检测代理（IDAgent）。入侵检测代理的任务就是通过收集被监控服务器中的系统、网络、数据及用户活动的状态和行为等数据，来跟踪并记录这台服务器上的非授权访问企图或其他恶意行为。

2. 网络型的入侵检测系统

网络型的入侵检测系统主要用于实时监控网络上的分组数据包，由于其输入数据是来源网络的信息流，所以能检测该网段上发生的全部网络入侵。因此，网络型的入侵检测系统可以用于保护整个网段内部的所有主机。

网络型的入侵检测系统利用网络侦听技术来收集在网络上传输的分组数据包，并对这些数据包的内容、源地址、目的地址等进行分析，来从中发现入侵行为。

3. 主机/网络型入侵检测系统

主机/网络型则是将主机型的入侵检测系统和网络型的入侵检测系统相结合，组成一个整体，以发挥它们各自的优点。

（三）NetWatch 网络监控与入侵检测系统简介

NetWatch 网络监控与入侵检测系统可对企业网络进行实时监控，能够自动或手动切断网络连接，孤立堵塞的网络主机，防止 ARP 欺骗，入侵检测与支持防火墙的互动。

NetWatch 网络监控与入侵检测系统主要功能如下所示。

①对企业网络连接信息进行实时监控（主要针对 TCP 和 UCP 协议），并以列表和活动状态树的形式显示。用户可对每个连接进行更详细的处理：切断连接、记录连接、跟踪连接、制定控制规则、制定和防火墙的互动规则，以及给客户端发送"信使"信息。

②按客户端、服务端、服务和常用应用层协议对网络流量数据进行统计显示。在按客户端和服务端进行流量显示的同时，可对指定的条目制定动态过滤规则、互动过滤规则和排除过滤规则。

③对影响网络活动的每一个要素实施面向对象的管理。目前有网络对象、服务对象、时间对象、URL 对象、内容对象和消息对象。

④灵活的过滤规则制定方式。目前有用户过滤规则、用户排除规则、一般过滤规则、URL 过滤规则、内容过滤规则、一般排除规则、入侵检测规则，以及 IP 和 MAC 地址绑定规则等灵活多变的检测规则制定方式。

⑤支持对 TCP 会话的实时跟踪功能特别适合对 Telnet、FTP 等交互式会话的实时跟踪。

⑥支持对端口扫描和 800 多种常见攻击方式的检测。

⑦可手工对主机进行堵塞和孤立功能。

⑧可自动阻断 TCP 连接。

⑨规则过滤时可以以主机的 MAC 地址而不是 IP 地址进行过滤。

第八章 智能计算及其研究现状

第一节 智能计算的背景知识

一、最优化问题

人们在工程技术、科学研究和经济管理的诸多领域中有大量的问题需要在庞大和复杂空间中寻找最优解或近似最优解。如结构设计要在满足强度要求等条件下使所用材料的总重量最轻；资源分配要使各用户利用有限资源产生的总效益最大；安排运输方案要在满足物资需求和装载条件下使运输总费用最低，等等。人们总希望采取种种措施，以便在有限的资源条件下或规定的约束条件下得到最满意的效果，这是最优化问题。

最优化问题可分为函数优化问题和组合优化问题两大类，其中函数优化的对象是一定区间内的连续变量，而组合优化的对象则是解空间中的离散状态。

组合最优化是通过对数学方法的研究去寻找离散事件的最优编排、分组、次序或筛选等，是运筹学中的一个经典且重要的分支，所研究的问题涉及信息技术、经济管理、工业工程、交通运输等诸多领域。现实生活中的大量优化问题是从有限状态中选取最好的，即组合最优化问题。由组合最优化问题的定义可知，每一个组合最优化问题都可以通过枚举的方法求得最优解，但枚举是以时间为代价的，有许多问题的枚举时间不能接受，即使求局部最优解也是困难的。解决组合优化问题时，如果逐点搜索，其计算量将按照设计变量的幂次增长，这种急剧增长，通常称之为"组合爆炸"。由于组合优化问题目标函数的非线性、约束性、多目标性、多模态性，甚至非连续或非解析性，难以用传统的数值方法求解。

所谓的 NP-hard 组合最优化问题，是一类难以求解的组合最优化问题，受人类认识能力的限制，迄今为止，这些问题还没有一个能求得最优解的多项式时间算法，目前人们只能假设这一类难解的组合最优化问题不存在求解最优解的多项式时间算法。由于这些问题又有非常强的实际应用背景，人们尝试用一些并不一定可以求解到最优解的算法，如启发式算法，来求解 NP-hard 的组合最优化问题。

人们生活的现代社会是一个由计算机信息网络、电话通信网络、运输服务网络、能源和物流分派网络等各种网络组成的复杂网络系统。网络优化就是研究如何有效地计划、管理和控制这个网络系统，使之发挥最大的社会效益和经济效益。网络优化问题是与图和网络相关的最优化问题，多数网络优化问题是以网络上的流和网络拓扑为研究对象。网络优化问题是一类特殊的组合优化问题。本文研究的计算机网络路由优化问题、传感器网络节点的覆盖优化问题，就是属于网络优化问题中的 NP-hard 组合最优化问题。

二、优化计算

研究最优（或近优）解及其求解方法的学科称为优化计算。优化计算是一种以数学为基础，用于求解各种工程问题优化解的应用技术。现代优化算法的主要应用对象是优化问题中的难解问题，也就是优化理论中的 NP-hard 问题。

优化计算和方法可粗略地划分成三个重要阶段：即早期古典极值理论、近代数值优化和智能计算。

早期古典极值理论的主要特征是基于数学理论演绎和推理的微分法和变分法，如著名的 Lagrangian 乘数法、Cauchy 最速下降法，到 20 世纪 40 年代，苏联科学家康托洛维奇在解决运输和生产计划问题时提出了线性规划问题求解的乘数法等。

从 20 世纪 40 年代以后，随着电子计算机的问世和迅速发展，基于计算机的近代数值优化方法得到了长足发展，逐步占据了优化计算的主导地位。牛顿法、单纯形法、共轭梯度、变尺度法和模式搜索法等一系列有代表性的数值计算方法相继涌现并不断完善，使得优化理论形成一门独立和完整的学科分支。

传统的优化算法都是基于严格的数学模型的，当模型复杂的时候，如变量的维数多、约束方程多、非线性强等，或模型不能用显示的方程来表达时，这些方法往往不能进行有效求解。或者求解的时间过长，如上面提到的"组合爆炸"问题；或者求解的效果差，如陷入局部极值、初始值直接影响寻优的结果等。随着 NP-hard 理论的建立和发展，传统的优化算法也难以有效处理包括

NP-hard 问题在内的难解问题。

进入 20 世纪 80 年代以来，生命科学与工程科学相互交叉、相互渗透和相互促进，神经网络、进化计算和群体智能计算等新兴算法相继出现和不断完善，形成了适应处理复杂问题并能够在非确定性、非精确环境中进行概率推理和学习的现代优化方法——智能计算。

第二节　智能计算的研究现状

智能计算（Intelligent Computing），也有人称之为软计算，是由模糊集理论的创始人、伯克利大学教授拉特飞·扎德（Lotfi Zadeh）提出来的。智能计算就是借助自然界（特别是生物界）规律的启迪，并根据其原理，模仿设计求解问题的算法。由于具有自学习、自组织、自适应等特性，在诸多领域得到了成功应用。智能计算的主要技术包括进化计算、模糊集理论、神经网络、计算和群体智能计算等。

智能计算正处于迅速发展阶段，引起了诸多领域专家学者的关注，成为跨学科的研究热点。近年来，智能计算方法的应用研究呈互相融合的趋势，研究和实践表明，它们之间的相互补充可增强彼此的能力，从而获得更有力的表示和解决实际问题的能力。近十多年来，智能计算应用领域越来越广，从工业控制、模式识别、知识自动获取、经济管理、生物医学到网络智能自动化等许多领域都取得了激动人心的研究成果和应用。

智能计算技术将不断地从生物智能中得到启示，探讨思想更先进、功能更强大、能解决更复杂（巨）系统的整体智能行为的智能计算技术，使新型智能计算系统逐步实现生物智能的目标。探索新的算法、推进算法之间的融合及加强智能计算在工程领域的实际应用将成为智能计算重要的发展方向。

第三节　智能计算的改进研究

智能计算方法的改进主要集中在两个方面。一是对最小二乘支持向量机的改进研究，结合了增量式最小二乘支持向量机算法和逆学习算法的优点，提出了自适应迭代最小二乘支持向量机回归算法（Adaptive and Iterative training algorithm of Least Square Support Vector Machine Regression，AILSSVR）。该算法在学习新样本的时候利用了已有的学习结果，可以自适应地确定支持向量的数目，同时保留了QP方法在训练SVM时支持向量的稀疏性，在相近的精度下，极大地提高了最小二乘支持向量机的学习速度。二是对群智能算法中蚁群算法的改进，对基本蚁群算法在搜索速度和求解能力两方面进行了改进。

一、最小二乘支持向量机改进研究

瓦平克（Vapink）等人基于统计学习理论和结构风险最小化原则建立了支持向量机理论，和传统的机器学习方法相比，支持向量机在小样本的学习中具有较强的泛化能力，并且没有局部最优问题。SVM最初是针对模式识别问题提出的，但是随着Vapink将ε不敏感损失函数的引入，被推广应用到了非线性回归估计和曲线拟合中，得到了回归型支持向量机方法（Support Vectormachine for Regression），也表现出很好的学习效果。

但是标准的支持向量机训练算法最终是归结为求解具有线性不等式约束的二次规划问题。对于大规模数据样本的情况，二次规划在时间和空间上的资源消耗很大，这就限制了支持向量机对大规模数据样本问题的应用。特别是对于回归问题，对应的二次规划问题中未知变量的个数是$2n+1$（n是数据样本个数），相对于分类问题增加了一倍的未知量，更加增加了大规模数据样本问题的求解难度。

苏伊肯斯（Suykens）等人提出的最小二乘支持向量机，巧妙地把标准SVM的不等式约束转化为等式约束，从而将二次规划问题转化为线性方程组的求解问题，极大地降低了SVM的学习难度。LSSVR需要求解$N \times N$矩阵的逆，所以其计算复杂度为$O(N^2)$，相对于SVM $O(N^3)$的计算复杂度，提高了训练速度。但是在最小二乘支持向量机中，几乎每一个训练样本都是支持向量，因此丧失了SVM解的稀疏性优点。而解的稀疏性能够缩短训练时间，同时合理地选择支持向量，抛弃一些奇异点，能够提高回归的精确度。因此克服最小二乘支持向量机解不具备稀疏性的问题非常重要。

Liu提出了一种增量最小二乘支持向量机，该方法在学习集中新增训练样本时，不需要重新计算核相关矩阵，而是利用当前核相关矩阵的逆矩阵来计算新的核相关矩阵，即将核相关矩阵求逆的运算转化为递推运算，减小了算法的计算复杂性，从而提高了最小二乘支持向量机的训练速度。

考文贝格斯（Cauwenberghs）等提出了逆学习算法，在已经学习过的样本集中遵照一定的选择策略去除掉某个样本，使得新的学习问题可以在原有问题的基础上进行，而不必重新求解全部回归参数。新的核相关矩阵可以通过现有核相关矩阵的降阶求逆得到。

受增量式最小二乘支持向量机学习算法和逆学习算法两个思想的启发，本文提出了 AILSSVR 算法，只需要预先设定两个运行参数，学习精度 θ，算法终止参数 ε。算法可以在预定的学习精度下，根据数据特征自适应地确定支持向量数量。

算法的思想是首先从只含有两个样本的工作集开始，对于这个 2 阶的核相关矩阵，可以解析的计算，得到初始的回归函数。然后检验非工作集样本，向工作集中添加一个不满足回归精度的非工作集样本，得到一个活动工作集 W。这时使用增量学习算法通过前一个核相关矩阵的逆来计算当前活动工作集 W 的回归参数集。在当前工作集的回归参数集中选择对应最小支持向量机的工作集样本 S_i。用活动工作集中除了 S_i 之外的工作集样本构造临时工作集 $\hat{W} = W \setminus \{S_i\}$。这时使用逆学习算法通过当前活动工作集 W 的核相关矩阵和逆矩阵计算临时工作集 $\hat{W}$ 的核相关矩阵，进而求得对应于临时工作集 $\hat{W}$ 的临时回归参数集。接着使用后继的非工作集样本检验临时回归函数，如果临时回归函数使该样本满足回归精度 θ，则用临时工作集代替原活动工作集；否则，删除临时工作集，用活动工作集扫描下一个样本。当训练集样本全部扫描之后，计算当前的目标函数值，判断是否满足停机条件。

算法的停机条件有两个，一是全部的训练样本都在工作集中，二是连续两次目标函数值下降的相对量小于 ε。这里第二个条件可以调整为连续 m 次目标函数值下降相对量小于 ε。

新的 AILSSVR 可以根据回归精度的控制参数 θ 来灵活地调整学习速度。回归精度控制参数越小，算法的学习精度越高，训练时间就越长；增大回归精度控制参数，虽然会降低算法的学习精度，但是能够提高算法的训练速度。

二、蚁群算法改进研究

通过对群智能算法中蚁群算法的研究，我们发现，蚁群算法具有较强的鲁棒性，对基本的蚁群算法模型调整之后，可以适用于很多问题。蚁群算法本质上是一种基于种群的进化计算，具有并行性，易于分布式计算实现，并且可以很容易与其他启发算法结合，以改善自身性能。

但是蚁群算法也具有不足之处，首先，由于蚁群中个体的移动是随机式的，导致蚁群算法的计算复杂度很高，相对于其他算法，通常需要很长的搜索时间。特别是在算法的初始阶段，由于各路径上信息素初始化分配的差异不大，需要经过很长一段时间的迭代，较好路径上的信息素优势才能体现出来，所以算法执行的初期消耗了较长的时间。另外，由于正反馈机制，蚁群算法容易出现停滞现象，即在搜索过程中，所有个体发现的解都一样，不能进一步对解空间搜索。这是因为在搜索过程中，可能出现某条路径信息素浓度过大，导致全部蚂蚁都集中到这条路径上，放弃了对新的可行解的搜索，过早的收敛于局部最优解。

针对蚁群算法的以上两个缺点，在蚁群算法的执行效率和求解能力两方面对基本蚁群算法做了改进。

1. 效率改进策略

①调整群体规模：蚁群算法的运行时间直接受蚂蚁的数量影响。在算法的初始阶段，维持较大的种群规模，有利于初始可行解的多样化，可以避免搜索陷入局部最优。但是，在算法的执行后期，当搜索已经向接近最优解的区域收敛时，如果还保持较大的种群规模，将会影响算法的收敛速度，对解的精度也没有帮助。因此应该采用动态的机制调整群体中蚂蚁的数量。

②建立候选节点集合：基本蚁群算法需要计算所有不在禁忌表中的节点，以从中选取下一个目标节点，这需要消耗大量的计算时间。为此，我们考虑为每只蚂蚁建立一个候选节点集合，只有当其中的节点都在禁忌表中时，才可以访问其他的节点。这样，不必计算所有节点的转移概率，降低了算法的时间复杂性。

③基于优化排序的信息素更新策略：在基本蚁群算法中，每一步迭代需要更新所有蚂蚁路径上的信息素浓度，在早期的迭代中，这样可以保持可行解的多样化。但是随着搜索的进行，就没有必要再更新全部路径上的信息素。参考了优化的基于排序的蚂蚁系统信息素更新策略，我们使用一种优化排序的混合策略去更新信息素。基于可行解质量的排序，我们选择最优的 σ 只蚂蚁，更新它们的路径上的信息素，并将路径上的信息素控制在 $[\tau_{min}, \tau_{max}]$ 之间，这样避免了某一条路径上信息素的浓度远高于其他路径的情况出现，也可以避免由于信息素的挥发而出现某条路径上信息素浓度趋向 0。

2. 针对蚁群算法求解能力的改进策略

①转移概率：结合前面提到的候选节点集合策略，引入随机转移概率来计算蚂蚁移动到下一候选节点集合中每一个节点的概率。

②蚂蚁个体差异：在基本的 ACA 算法中，每一只蚂蚁按照相同的概率公式选择下一个节点，在群体中每一只蚂蚁的行为策略都是相同的，而在真实的

蚂蚁群体中，个体的行为是多种多样的。因此在改进的算法中通过为每个蚂蚁设定初始不同的参数 α 和 β 的值，模拟了真实情况下，蚁群中个体的差异性。

③参数 α 和 β 的自适应调节：信息启发因子 α 反映了在移动过程中路径上累积的信息素总量在指导蚁群搜索最优解的相对重要性，该值越大，蚂蚁选择以前走过的路径的可能性就越大。而期望启发因子 β 则反映了在搜索的导航过程中启发信息的相对重要性，该值越小，蚁群搜索的盲目性、随机性越大。在最初的阶段，参数 α 和 β 取较小的值能够扩大搜索空间。在后期增大参数 α 和 β 的值则能缩减搜索空间，使解逼近最优路径并且产生正反馈。

④结合遗传算法：引入了遗传算法的交叉算子和变异算子，充分利用蚁群算法易于和其他启发式算法结合的优势。结合了遗传算法的混合蚁群算法，能够增强寻找全局最优解的能力，提高算法的收敛速度。

第九章 相关智能计算模型和方法

第一节 支持向量机

一、支持向量机原理

支持向量机是在统计学习理论的基础上发展起来的一种新的机器学习方法。它采用结构风险最小化原则代替了经验风险最小化原则，较好地解决了小样本学习问题。支持向量机将低维的原始空间映射到高维的特征空间，从而把非线性的问题转化成为线性问题。通过引入核函数的方法，避免了高维空间的复杂运算，解决了传统机器学习"维数灾难"的问题。

根据给定的训练样本找出系统输入和输出之间的依赖关系是机器学习的目标。给定 N 个独立同分布的观察样：$\{(x1, y1), (x2, y2), \cdots, (xN, yN)\}$，其中 $x \in R^n$，$y \in R$，分别是系统的输入和输出。机器学习问题需要在选定的函数集 $f(x, \lambda)$ 中选择一个可对 x 和 y 之间依赖关系做出最佳估计的函数 $f(x, \lambda0)$。设样本遵循某一未知的分布函数 $P(x, y)$，学习的目标可以表示为寻求满足如下期望风险最小化的函数：

$$R[f] = \int L(y, f(x, \lambda)) \, dP(x, y) \quad (9.1)$$

其中 $L(y, f(x, \lambda))$ 表示在 x 处使用 f 对 y 进行预测的损失函数。可见，$RI[f]$ 就是在输入空间上使用 f 对输出做模拟产生的模型精度降低的总和。有三类基本的学习问题，即模式识别、函数逼近和概率密度估计。不同的问题具有不同的损失函数定义形式。

由于无法求得期望风险，机器学习中的一般方法都是根据概率论中的大数定理，以学习器在训练样本的风险的算术平均值，即经验风险来逼近期望风险。进而以求经验风险的最小值来代替期望风险的最小值，这就是经验风险最小化原则。显然，经验风险最小化并不一定能够保证期望风险最小化。

统计学习理论提出了 VC 维的概念来评价函数集的学习性能。VC 维的直观定义是：对一个指示函数集和 m 个样本，如果这 m 个样本能够被函数集里的函数按照所有可能的 2^m 种形式分开，则称函数集能够把 m 个样本打散。函数集的 VC 维就是它能打散的最大样本数目。如果对于任意数目的样本函数集中都有函数能将他们打散，则称函数集的 VC 维是无穷大。

从机器学习的角度来看，VC 维反映了函数集的学习能力。一般地，VC 维越大，学习器越复杂，学习能力也越强。目前只在一些具体函数上掌握了其 VC 维，还没有通用的求任意函数集 VC 维的理论。如 n 维实数空间中线性分类器和线性实函数的 VC 维是 $n+1$，而 $f(x,\lambda)=\sin a(\lambda x)$ 的 VC 维是无穷大。

统计学习理论中，在 VC 维基础上，使用推广性的界概念来描述经验风险和实际风险之间的关系。实际风险 $RI[f]$ 和经验风险 $RI_{emp}[f]$ 之间以至少 $1-\eta$ 的概率满足：

$$RI[f] \leq RI_{emp}[f] + \sqrt{\frac{h\left(In\left(2n/h\right)+1\right)-In\left(\eta/4\right)}{n}} \qquad (9.2)$$

其中 h 是函数集的 VC 维，参数 η 满足 $1 \leq \eta \leq 1$，n 是样本数。可以看出，统计学习的实际风险由经验风险和称之为置信范围的两部分组成。置信范围反映了用经验风险替代期望风险的把握程度，同时也反映了学习机器结构复杂性带来的风险。在有限样本情况下，学习机器的复杂性越高，VC 维越高，置信范围就越大，也就是说真实风险和经验风险之间可能的差别就越大。

从上面的分析可以看出，需要同时最小化经验风险和置信范围，对此统计学习理论提出了一个新的原则，把函数集构造为一个函数子集的序列，按照其 VC 维的大小排列各个子集。在每个子集中寻找与最小的经验风险对应的函数，而在子集之间，折中考虑经验风险和置信范围，以取得最小的实际风险。这便是经典的结构风险最小化原则（Structural Risk Minimization，SRM）。

定义 9.1：结构风险最小化原则是寻找一个假设 f，使得式（9.2）右端的结构风险达到最小。即，适当选择一系列嵌套的假设集：

$$\cdots F_{j-1} \subset F_j \subset F_{j+1} \cdots$$

在每个 F_j 中找出使经验风险达到最小的假设 f_j，得到一系列假设：

$$\cdots f_{j-1} \subset f_j \subset f_{j+1} \cdots$$

考察 f_j 相应的结构风险随 j 的变化情况，可以发现：

置信范围是随着 j 的增加而增大，因为 F_j 的 VC 维是递增的。

$$\cdots h_{j-1} \subset h_j \subset h_{j+1} \cdots$$

由于 F_j 的嵌套特点，经验风险随着 j 的增加而减小：

$$\ldots RI_{emp}[f_{j-1}] \geqslant RI_{emp}[f_j] \geqslant RI_{emp}[f_{j+1}] \ldots$$

结构风险最小化原则就是要选择适当的 j^*，使置信范围与经验风险之和达到最小。然后在子集 F_j^* 中找到相应的假设 f_j^* 作为最终的学习模型。图 9.1 表示了这种综合考虑两个目标的思想。

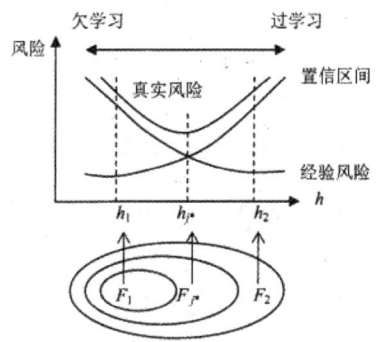

图 9.1　结构风险最小化原则

所谓的结构风险最小化就是在保证分类精度（经验风险）的同时，降低学习机器的 VC 维，可以使学习机器在整个样本集上的期望风险得到控制。统计学习理论还给出了合理的函数子集结构应满足的条件，以及在结构风险最小化原则下实际风险收敛的性质。有两个思路可以实现结构风险最小化，一种方法是求出每个子集的最小的经验风险，然后选择能够使最小经验风险和置信范围加和最小的子集。此方法计算耗费会很大，当子集数目很大时不可行。第二种方法是设计函数集的某种结构，以使每个子集中都能取得最小的经验风险，然后只需要选择能使置信范围最小的子集，那么这个子集中使经验风险最小的函数就是所要寻求的最优模型。支持向量机就是基于这个思路设计的。

二、支持向量机模型

下面以最简单的两分类问题为例，介绍支持向量机模型。

对于给定线性可分的训练数据：$\{(x_1, x_1)(x_2, y_2), \ldots, (x_N, y_N)\}$，其中

$x_i \in R^n$,$y = \{+1, -1\}$。设分类间隔为 Δ 的分界面函数为:$f(x) = w \cdot x + b = 0$,其中"·"为向量的内积,w 是 n 维向量,b 称为偏置。函数需要满足条件:$f(x) = \begin{cases} 1, & w \cdot x + b \geq \Delta \\ -1, & w \cdot x - b \leq \Delta \end{cases}$

将上述函数进行归一化,使所有样本均满足 $|f(x)| \geq 1$,并使距离分界面最近的样本满足 $|f(x)| = 1$,这样分类间隔为 $2/\|w\|$。因此,"·"使分类间隔最大,就是使 $\|w\|^2$ 最小,而要求分界面能够实施正确的分类,就是要满足:$y_i(w \cdot x_i + b) - 1) \geq 0$。

因此,最优分界面,可以通过求解如下的凸二次优化问题得到。

$$\min \frac{1}{2} \|w\|^2 \qquad (9.3)$$

$$s.t.\ y_i((w \cdot x_i + b) - 1) \geq 0 \quad i = 1, 2, \cdots, n$$

通过 Lagrange(拉格朗日)方法,将上述优化问题转化为 Wolfe 对偶问题,有:

$$\min \frac{1}{2} \sum_{i=1}^{N} \sum_{j=1}^{N} y_i y_j \alpha_i \alpha_j (x_i \cdot x_j) - \sum_{j=1}^{N} \alpha_j \qquad (9.4)$$

$$s.t.\ \sum_{i=1}^{N} y_i \alpha_i = 1, \quad \alpha_i \geq 0$$

其中 α_i 是拉格朗日乘子。求解此优化问题,得最优解 $\alpha^* = (\alpha_1^*, \cdots, \alpha_N^*)^T$。计算 $w^* = \sum_{i=1}^{N} y_i \alpha_i^* x_i$,选择 α^* 的一个正分量 α_j^*,并据此计算

$$b^* = y_j - \sum_{i=1}^{N} y_i \alpha_i^* (x_i \cdot x_j)$$

由此,最优超平面为:

$$f(x) = \sum_{j=1}^{N} \alpha_i y_i (x \cdot x_i) + b \qquad (9.5)$$

最终的决策函数为:

$$g(x) = \text{sgn}\left(\sum_{i=1}^{N} a_i y_i (x \cdot x_i) + b \right) \qquad (9.6)$$

对于非线性的情况,SVM 的主要思想是将输入向量映射到一个高维的特征向量空间,并在该特征空间中构造最优分类面。假设有非线性映射 Φ:$R^n \to H$ 将输入空间的样本映射到高维特征空间 H 中,在特征空间中构造最优超平面时,算法仅使用特征空间中的点积,即 $\Phi(x_i) \cdot \Phi(x_j)$,而不是单独使用

$\Phi(x_i)$，而这种点积运算是可以用原空间中的函数实现的，既不需要知道变换的形式。因此，如果能够找到一个函数 K，使得 $K(x_i, x_j) = \Phi(x_i) \cdot \Phi(x_j)$，那么这种运算就可以在不了解 Φ 具体形式的情况下，最终归为原空间中数据的计算。根据泛函的有关理论，只要 K 满足 Mercer 条件，它就对应了某一变换空间中的内积，而且由 K 引出的空间是一个线性向量空间。再生核的这一特性可解决"维数灾难"问题，即在构造判别函数时，不是先在原空间中做非线性变换，然后映射到特征空间后求超平面，而是先在原空间求出内积，对内积进行非线性变换。

这时的决策函数为：

$$g(x) = \text{sgn}\left(\sum_{i=1}^{N} a_i y_i K(x, x_i) + b\right) \tag{9.7}$$

常用的核函数有多项式核函数：

$$K(x, x_i) = [(x \cdot x_i) + 1]^d$$

径向基函数：

$$K(x, x_i) = \exp\left\{-\frac{|x - x_i|^2}{\sigma^2}\right\}$$

Sigmoid 函数：

$$K(x, x_i) = \tanh(v(x \cdot x_i) + c)$$

对于非线性不可分的情况，SVM 除了用核函数解决非线性的问题之外，还引入了松弛变量 ξ_i 来允许错分样本的存在，以提高模型的推广能力。在非线性不可分情况下，最优超平面的目标函数为：

$$\min \frac{1}{2}\|w\|^2 + C\sum_{i=1}^{N} \xi_i \tag{9.8}$$

$$s.t. \, y_i(w \cdot \Phi(x_i) + b) \geq 1 - \xi_i, \quad \xi_i \geq 0, \quad i = 1, 2, \cdots, N$$

其中 C 是惩罚系数，用于在经验风险和期望风险中取得某种折中。根据 Lagrange 方法和对偶原理，上述优化目标可以转化为：

$$\min \frac{1}{2}\sum_{i=1}^{N}\sum_{j=1}^{N} y_i y_j a_i a_j K(x_i, x_j) - \sum_{j=1}^{N} a_j \tag{9.9}$$

$$s.t. \sum_{i=1}^{N} y_i a_i = 1, 0 \leq a_i \leq C$$

对应于 $a_i^* \neq 0$ 的训练点就是支持向量。

第二节 分类

一、分类算法原理

数据分类是机器学习的重要研究内容之一，是一种用于提取描述重要数据类的模型或预测未来的数据趋势的一种数据分析形式。分类是这样一个过程，它找出描述和区分数据类或概念的模型（或函数），以便能够使用模型预测类标号未知的对象类。模型的导出是基于对训练数据集（即类标号已知的数据对象）的分析的基础上的。

1. 分类问题的组成

分类问题主要包含以下几个组成部分。

①类标签：是一个枚举类型的输出属性，希望通过对输入属性的分析得到其预测值。

②属性：与输出的类标签有一定内在联系的字段，通常情况下，属性包含很多维。

③训练集：由若干属性和类标签描述的数据库元组构成。单个元组称作训练样本，是从样本群中随机地选取出来的。训练样本集的类标签是已知的，通常是由以往的一些经验数据而确定的。

④测试集：由随机选取的样本组成，独立于训练集，也包含已知的类标签，用来验证分类模型或规则的有效性。实践中，测试集不是必需的。

2. 分类的过程

分类的过程是通过对训练集数据的分析，使用数据的某些特征属性，给出每个类的准确描述，然后使用这些描述，对数据库中的其他数据进行分类，或者为每个类产生更好的描述，通常包括两个步骤。

①利用训练集进行学习，建立分类模型，通常以分类规则、判定树或数学公式的形式给出。

②使用模型进行分类。首先要评估分类模型的预测准确率，如果认为模型的准确率可以接受，就可以用它对类标签未知的数据元组或对象进行分类。

3. 对数据的预处理

为提高分类的精度和效率，通常需要对数据进行一定的预处理，包括：

①数据清理：旨在消除或减少数据噪声，以及处理空缺值。

②相关性分析：数据中许多属性可能与分类任务不相关，此外，一些属性可能是冗余的。删除这些多余属性的过程称为特征选择。

③数据变换：数据可以概化到较高层概念，也可以进行规范化。

4. 常用的评估分类模型准确度的方法

可以根据预测准确度、速度、鲁棒性、可伸缩性和可解释性这些标准对不同的分类器进行比较和评估。其中，分类方法的准确度是比较重要的度量标准，特别是对于预测型分类任务。下面介绍两种常用的评估分类模型准确度的方法：

①保持方法：是一种使用独立于训练集的样本测试集的简单方法。对于每个测试样本，将已知的类标签与分类模型预测出来的类型比较。模型在给定测试集上的准确率是被模型正确分类的测试集样本的百分比。这样做可以避免使用训练集评估，而导致模型过分适合数据（即它可能并入训练集中某些不出现在总体样本群中的异常），但由于只有一部分初始数据用于导出分类模型，评估的结果是保守的。随机子选样是保持方法的一种变形，它将保持方法重复 k 次。总体准确率估计取每次迭代准确率的平均值。

② k 次折叠交叉确认：初始数据被划分成 k 个互不相交的子集或"折"，S_1，S_2，…，S_k，每个折的大小大致相等。训练和测试进行 k 次。在第 i 次迭代，用作测试集，其余的子集 S_1，…S_i，…，S_k 都用于训练分类模型。准确率估计是 k 次迭代正确分类数除以初始数据中的样本总数。在分层交叉确认中，折被分层，使得每个样本的类分布与在初始数据中的大致相同。分层的十折交叉确认是一种推荐的评估方法，因为它具有相对低的偏差和方差。

二、分类算法模型

常用的分类算法模型包括决策树归纳分类，贝叶斯分类，基于规则的分类，后向传播神经网络分类，支持向量机分类和紧邻学习分类法。下面简要介绍这些分类算法模型。

①决策树：这种算法使用某种属性作为选择度量，对树中每个非树叶节点选择一个测试属性，并据此对整个样本集进行划分，直到样本集只包含一种类型的数据或没有用于分割的属性为止。通常还采用某种剪枝方法试图剪去反映数据中噪声的分枝，提高准确率。早期的决策树算法假定数据是驻留内存的，这对大型数据库上的数据挖掘是一种能力上的限制。其后，有人提出了一些可伸缩的算法来解决这一问题。决策树算法的优点之一在于分类结果容易转换成IF-THEN 分类规则。

②贝叶斯分类：是一种统计学分类方法，使用基于后验概率的贝叶斯定理来预测类成员关系的可能性，如给定元组属于一个特定类的概率，包括朴素贝叶斯分类和贝叶斯信念网络。朴素贝叶斯分类假定一个属性值对给定类的影响独立于其他属性值（类条件独立性）；与之不同的是，贝叶斯信念网络允许在变量子集之间定义类条件独立性。

③后向传播神经网络：它是一种用于分类的神经网络算法，使用梯度下降方法。它搜索一组权值，使得数据样本的网络类预测和实际类标签间的均方距离最小。可以由训练的神经网络提取规则，帮助改进分类网络的可理解性。

支持向量机分类前面已经介绍过，在此不再叙述。此外关联挖掘在大型数据库中搜索频繁出现的模式，可用于分类。最近相邻分类法和基于案例的分类法是基于要求的分类方法，它们的模式空间中存放所有的训练样本。因此，它们都需要有效的索引技术。在遗传算法中，规则群体通过交叉和变异操作"进化"，直到群体中所有的规则都满足指定的阈值。粗糙集理论可以用来近似地定义类，这些类根据可用的属性是不可区分的。模糊集方法用隶属度函数替换连续属性的"脆弱性"陡峭阈值。

第三节 聚类和模糊聚类

一、聚类算法原理

聚类是一种无监督的学习过程。将物理或抽象的对象集合划分成由类似的对象组成的多个类的过程被称为聚类，要求在同一类别内的对象之间具有更大的相似性，而不同类的对象之间相似性则较小。聚类分析又称群分析，它是研究（样品或指标）分类问题的一种统计分析方法。聚类分析起源于分类学，但是聚类不等于分类。聚类与分类的不同在于，聚类所要求划分的类是未知的。聚类本身也是一个发现过程，其结果可以解释数据分布的本质特征，同时也可以作为其他数据挖掘及分析技术的基础。经过聚类之后，同一类中的数据在很多应用中可以作为一个整体处理。

聚类作为一个古老的问题，经历了长期的发展变化。最初聚类是作为统计学的一个分支问题。之后，出现了相似聚类法，该方法根据对象属性值的相似程度实现聚类。根据是否需要预先确定分类数目，相似聚类法又可分为系统聚类（预先确定分类数目）和动态聚类（预先不确定分类数目）两种类型。本质上，相似聚类法属于上下文无关（环境无关）的聚类，即完全依赖于对象本身的属性来度量对象间的相似性，而不考虑其上下文之间的关系。相似聚类法对于"动态"数据的聚类效果不好。后来提出的用以改善相似聚类法不足的环境聚类法也是一种与概念无关的聚类方法，不容易理解得到的聚类结果。

概念聚类的出现，使聚类的演化过程发生了质的变化，克服了前面的缺点。概念聚类认为，只有在某些属性上彼此相似或者是与其上下文存在某种内在联系的对象才能够聚成一类，同时概念聚类还认为，聚集在一起的对象可以表达某一概念，即这些对象作为一个整体所具有的某些共同性质。通常的概念聚类过程由三个搜索过程组成，首先为了确定较理想的概念层次结构而在概念层次空间的搜索；然后是为了确定较合适的划分而在可能的聚类空间的搜索；最后是为给所产生的聚类赋予较合适的概念描述而在概念描述空间的搜索。概念搜索存在着不足，由于搜索策略常常采用穷尽法或者爬山法，因此该方法搜索效率不高，并且容易陷入局部值极小的情况。

多年来，聚类分析作为统计学的一个分支，其研究主要集中在基于距离的聚类分析方面。而在机器学习领域，聚类作为一种无监督学习，不需要将训练实例预先分类及标注，因此聚类是一种观察式的学习。在概念聚类中，不同于基于几何距离表示相似程度并进行聚类的传统聚类方法，一组对象只有当它们可以被一个概念描述时才形成一个簇。聚类分析的基本指导思想就是最大限度地实现同一类对象间相似度最大，而不同类对象间相似度最小。

聚类方法有不同的分类方法，如果根据划分结果是否具有唯一性，聚类方法可以分为硬聚类和软聚类两种。硬聚类是指聚类结果中每个对象具有所属类别的唯一性，即聚类结果的每个对象仅属于距离最近的聚类中心所属的类。而软聚类是指聚类结果中每个对象不具有唯一的所属类别，而是以不同的隶属度函数值或概率属于一个或多个类。模糊聚类方法就是一种典型的软聚类方法。根据使用模型的不同，聚类又可以分为静态模型和动态模型两种。静态聚类模型仅考虑聚类结果的互连性或紧密性，在某些情况下算法是有效的，其聚类结果依赖于用户给出的静态模型参数。如果用户没有给出合适的静态模型参数，特别是当数据对象中包含多种不同的分布形状、密度和大小的类时，算法就有失败的危险。当前大多数的聚类算法都是使用的静态聚类模型。

二、聚类算法模型

根据数据的类型、聚类分析的目的和应用的不同，聚类算法大体可以分为以下几类。

①划分方法。对于给定的一个包含 n 个对象或元组的数据集合，先将数据集划分为 k 个初始子集，然后从这 k 个初始划分开始，通过重复的控制策略使某个准则最优化，来达到需要的聚类结果。其中每个初始子集均代表一个聚类（$k \leq n$），并且需要满足每组至少应包含一个对象，并且每个对象必须只能属于某一组。每个聚类或者由其聚类中心表示（k-均值算法），或者由该聚类中最靠近中心的一个对象来表示（k-中心点算法）。在每次迭代时，判断是否得到好的划分的标准通常是使同一分组中的记录越近越好，而不同分组中的纪录越远越好。

划分聚类算法收敛速度很快，但是，该方法只适用于识别凸形分布大小相近、密度相近的聚类，对于分布形状比较复杂的聚类，算法的识别能力很差。因此对于处理大规模数据集或复杂数据类型时，需要对其进行扩展。

②层次方法。层次方法对于给定的数据集进行层次上的分解，把数据对象分组而形成一个聚类树。层次聚类可以分为凝聚的和分裂的两种类型。凝聚的方法也称自底向上的层次方法，在聚类开始的时候将每个对象各自作为一个原子聚类，然后根据相似性将这些原子聚类逐层进行聚合，直到满足某个终止条件或者所有簇都合并在一起成为一个层次顶端。大多数层次聚类方法都属于凝聚型聚类。分裂的方法也称自顶向下的层次方法，与凝聚的方法相反，该方法的思想是在开始的时候将所有对象都归于同一个簇，然后将其不断分解，直到满足某种终止条件或者每个簇只包含一个对象。一般情况下不使用分裂型聚类，因为在较高的层次上，很难进行正确的拆分。层次方法采用不同的簇间距离度量来判断簇与簇之间的相似性，常用的度量指标有最小距离、最大距离、均值距离等。

纯粹的层次方法在簇进行分解或合并之后，就无法进行调整。现在对层次聚类方法聚类质量的改进研究比较侧重于层次聚类与基于距离的迭代重定位相结合。

③基于密度方法。基于密度概念的聚类方法不同于其他方法，它不是基于各种距离的，而是基于密度的，克服了基于距离的算法只能发现"类圆形"的聚类的缺点。基于密度的算法从数据对象的分布密度出发，把密度足够大的区域连接起来，从而可以发现任意形状的聚类，并且可以消除数据中的噪声。典型的基于密度的方法有 DBSCAN 算法和 OPTICS 算法。

④基于网格方法：基于网格方法把对象空间划分成为有限个单元的网格结构，所有的处理都是以单个的单元为对象的。由于处理速度仅与划分对象空间的网格数相关，而与数据对象个数无关，所以方法具有很快的处理速度。典型

的基于网格的聚类方法有 STING 算法和 WaveCluster 算法。

⑤基于模型方法：该方法先为每个簇都假设一个模型，然后寻找数据对给定模型的最佳拟合。算法通过构造一个描述数据点空间分布的密度函数来实现聚类，试图优化给定的数据和某些数学模型之间的适应性。该方法基于目标数据集是由一系列的概率分布所决定这一假定前提，根据标准的统计方法，结合考虑"噪声"或异常数据。基于模型的方法可以自动确定聚类个数，主要分为统计学方法和神经网络方法。

此外，其他的聚类算法还有基于约束的聚类算法、机器学习中的聚类算法和用于高维数据的聚类算法等。

三、模糊聚类算法原理

传统的聚类分析要求把数据集中的每一个点都精确地划分到某个类中，即硬划分。对于包含 n 个对象的数据集合，硬划分把集合分为 K 个互斥的类。可以用一个 $n \times K$ 的矩阵 $U = (u_{ik})$ 来表示，如果对象 i 属于类 K，则 $u_{ik} = 1$，否则 $u_{ik} = 0$。为了保证得到的 K 个类非空并且彼此互斥，u_{ik} 需要满足如下条件：

$$\begin{cases} \sum_{k=1}^{K} u_{ik} = 1 & (i = 1, 2, \cdots, n) \\ \sum_{i=1}^{n} u_{ik} > 0 & (k = 1, 2, \cdots, K) \\ u_{ik} \in \{0, 1\} & (i = 1, 2, \cdots, n; \ k = 1, 2, \cdots, K) \end{cases} \quad (9.10)$$

但是现实世界中很多对象没有严格的属性，其类属和形态存在着中间性，适合软划分。模糊聚类具有这种描述样本类属中间性的优点。模糊聚类是模糊集理论在聚类中应用的产物。模糊集理论，又称可能性理论，是由拉特飞·扎德在 1965 年提出来的，作为传统的二值逻辑和概率论的一种替代，它允许我们处理高层抽象，并且提供了一种处理数据的不精确测量的手段，为用模糊的方法处理聚类问题奠定了基础。模糊聚类分析的概念最早是由鲁斯皮尼（Ruspini）提出的，其本质是不再明确地考虑对象是否属于某一类，而是考虑对象属于该类的程度如何。模糊聚类与硬划分的本质区别在于：

$$u_{ik} \in [0, 1](i = 1, 2, \cdots, n; \ k = 1, 2, \cdots, K)$$

即一个对象相对于每一个类的隶属程度是 0 和 1 之间的一个数，一般要求，每一个对象对所有类的隶属度之和为 1，称之为对划分情况概率约束。

模糊聚类认为每个对象与各个聚类中心都存在着一定的隶属关系，而不是单一的属于某一类。对于数据集中类与类之间存在交叉的情况，传统的聚类方法无法有效处理，而模糊聚类则能很好地对这类数据集聚类。

模糊算法的基本原理是假设有 N 个样本，每个样本有 M 个可以量化的指标。聚类的一般步骤为：首先，对数据进行标准化处理，常用的数据标准化方法有小数定标规范法、最大最小值规范法、标准差规范法等；然后建立模糊相似矩阵，标定相似系数；计算多级相似矩阵，计算整体相似关系矩阵，可以使用传递闭包法、动态直接聚类法、最大树法等；最后给定一个聚类水平，计算绝对相似矩阵。按照行列调整绝对相似矩阵，每个分块就对应一个分类。

四、模糊聚类算法模型

常用的模糊聚类方法有动态直接聚类法、最大树法和 FCM 等。模糊 C-均值聚类（FCM）是由贝兹德克（Bezdek）在 1981 年提出的，是目前应用最广泛的一种模糊聚类算法。相当大一部分模糊聚类的研究是针对 FCM 的推广和改进。

FCM 算法模型描述如下：

设样本空间为 $X = \{x_1, x_2, \cdots, x_n\} \subset R^d$，元素 x_i 是 d 维向量，最终分类的目标数是 C，$C > 1$。可以用一个模糊矩阵 $U = (u_{ik})$ 来表示把 X 分为 C 类。矩阵 u_{ik} 表示第 i 个样本属于第 k 个类的隶属度函数值。根据前面的介绍，可见 u_{ik} 需要满足下面的条件：

$$\begin{cases} u_{ik} \in [0,1] & (i=1,2,\cdots,n;\ k=1,2,\cdots,C) \\ \sum_{k=1}^{C} u_{ik} = 1 & (i=1,2,\cdots,n) \\ \sum_{i=1}^{n} u_{ik} > 0 & (k=1,2,\cdots,C) \end{cases} \quad (9.11)$$

FCM 算法就是要找到 C 个类的中心点 $V_i(i=1,2,\cdots,C)$，使目标函数

$$J(u, V) = \sum_{i=1}^{C}\sum_{k=1}^{n} u_{ik}^m \|X_k - V_i\|^2 \quad (9.12)$$

取得最小值。其中 m（$m > 1$）称为模糊加权系数，$V_i(i=1,2,\cdots,C)$ 是每一类的聚类中心。FCM 的求解过程就是使（9.12）式最小化的迭代的收敛过程。迭代的过程中，u 和 V 按照如下公式取值：

$$u_{ik} = \begin{cases} \left(\sum_{l=1}^{C} \dfrac{\|X_k - V_i\|^{2/(m-1)}}{\|X_k - V_i\|^{2/(m-1)}} \right)^{-1} & \text{if } \|X_k - A_l\| \neq 0 \\ 1 & \text{if } \|X_k - A_l\| \neq 0, \quad (l = k) \\ 0 & \text{if } \|X_k - A_l\| \neq 0, \quad (l \neq k) \end{cases} \quad (9.13)$$

$$V_i = \dfrac{\sum_{k=1}^{n} u_{ik}^m X_k}{\sum_{k=1}^{n} u_{ik}^m} \quad (9.14)$$

其中，l 是算法迭代的次数。FCM 算法的执行过程如下所示。

① 随机初始化 u^0，V^0，设置迭代次数计数器 $l=1$，计算 u^0，设置聚类中心的个数 C 和模糊加权系数 m；

② 计算每个类的聚类中心，对于给定的 V^l，根据公式（9.13）计算出对应的模糊划分矩阵 u^l；

③ 重新计算隶属度，对于给定的 u^l，根据公式（9.14），计算出相应的聚类中心 V^l；

④ 判断是否满足停机条件，即是否有 $\max |u_{ik}^l - u_{ik}^{l-1}| < \varepsilon$，如果满足，停止迭代，否则的话迭代次数计数器 $l=l+1$，转步骤 2。这里 ε 是预先设置好的阈值，是一个正的小数。

FCM 算法中，模糊加权系数 m 的取值非常关键。m 如果越大，聚类的范围就越大，隶属函数的模糊程度就越大。当 m 无限趋近 1 时，算法就退化为普通的 C- 均值聚类算法。显然，为了保证算法的模糊度，m 的取值不应趋向 1。m 的取值还没有理论上的确定方法，只能根据经验或者实验来选取，通常取 $1.1 \leq m \leq 5$。

FCM 用隶属度确定每个样本属于某个聚类的程度。与普通的 C- 均值聚类算法比较，由于省去了多重迭代的反复计算过程，效率得到了很大的提高。但是 m 值只能通过经验或者实验得来，具有不确定性，可能会影响实验的结果。由于 FCM 算法使用梯度下降法确定搜索方向，因此存在易陷入局部极小值的缺点，并且对初始化敏感。常用的策略是在 FCM 算法中引入全局寻优方法来摆脱聚类运算时可能陷入的局部极小点，优化聚类效果。

第四节　群智能算法

一、群智能算法原理

群智能算法起源于对人工生命的研究，是智能计算的另一重要研究领域。群智能中的群，可以被定义为"一组相互之间可以进行直接或间接通信（通过改变局部环境）的主体"，群智能就是指"无智能或简单智能的主体通过任何形式的聚集协作而表现出智能行为的特性"。群智能在没有集中并且不提供全局模型的前提下，为寻找复杂分布式问题的解决方案提供了基础。

构建一个群智能系统通常需要满足五条基本原则。

① Proximity Principle：群内个体具有执行简单的时间或空间上的评估和计算的能力。

② Quality Principle：群内个体能对环境（包括群内其他个体）的关键性因素的变化作出反应。

③ Principle of Diverse Response：群内不同个体对环境中的某一变化所表现出的相应行为具有多样性。

④ Stability Principle：不是每次环境的变化都会导致整个群体的行为模式的改变。

⑤ Adaptability Principle：环境所发生的变化中，若出现群体值得付出代价的改变机遇，群体必须能够改变其行为模式。

以上五条原则构成了群智能的基础理论，现有的群智能方法和策略都符合这些原则。

群智能算法是一种具有"生成+检验"特征的迭代搜索算法。算法的基本思想是通过模拟自然界生物的群体行为来构造随机优化算法。算法把搜索空间中的点模拟成自然界生物群体中的个体；搜索和优化的过程模拟成群体中个体的进化或者觅食的过程；用问题的目标函数值模拟个体对环境的适应能力；搜索和优化过程中用好的可行解取代较差可行解的迭代过程模拟成自然界中个体的优胜劣汰过程或迷失过程。

二、群智能算法模型

目前群智能理论研究领域有两种主要的算法：粒子群算法和蚁群算法。粒子群算法起源于对简单社会系统的模拟，最初是模拟鸟群觅食的过程。蚁群算法是对蚂蚁群落食物采集过程的模拟，已经成功应用于很多组合优化问题。下面简要介绍一下这两个算法的模型。

粒子群算法在可行解的空间中随机初始化一群粒子,作为初始种群。每个粒子都是优化问题的一个可行解,根据问题的目标函数值确定粒子的适应度。粒子在搜索空间运动的方向和距离受一个速度影响,粒子通过追随当前的最优粒子不断调整自己在搜索空间中的位置来寻找最优解。每一次迭代中,粒子都能记住两个极值:一是粒子本身找到的最优解,另一个是全种群找到的最优解。

粒子群算法的数学描述如下:在 n 维的搜索空间中,由 m 个粒子组成的种群 $X=\{x_1,\cdots,x_i,\cdots,x_m\}$,其中第 m 个粒子的位置为 $x_i=(x_{i1},x_{i2},\cdots,x_{in})^T$,它的速度为 $v_i=(v_{i1},v_{i2},\cdots,v_{in})^T$,它的个体极值为 $p_i=(p_{i1},p_{i2},\cdots,p_{in})^T$,种群的全局极值为 $p_g=(p_{g1},p_{g2},\cdots,p_{gn})^T$。根据追随当前最优粒子的原理,粒子 x_i 将按照下面的公式改变速度和位置。

$$v_{id}^{t+1}=x_{id}^{(t)}+x_1r_1(p_{id}^{[t]}-x_{id}^{(t)})+x_2r_2(p_{gd}^{[t]}-x_{gd}^{(t)}) \quad (9.15)$$

$$x_{id}^{(t+1)}=x_{id}^{(t)}+v_{id}^{(t+1)} \quad (9.16)$$

其中 $d=1,2,\cdots,n$;$i=1,2,\cdots,m$。m 是种群的规模,t 是当前进化的代数,r_1 和 r_2 是 [0,1] 之间的随机数,c_1 和 c_2 是加速度常数。为了使粒子的速度不至于过大,可以限定速度的上限 V_{max},当 $v_{id}>V_{max}$ 时,取 $v_{id}^-=V_{max}$,当 $v_{id}<-V_{max}$ 时,取 $v_{id}=-V_{max}$。V_{max} 决定了粒子在解空间的搜索精度,如果 V_{max} 过高,粒子可能会飞过最优解,如果太小,粒子会陷入局部搜索空间而无法进行全局搜索。

公式(9.15)由三部分组成,第一部分是粒子先前的速度,第二部分是粒子自己最佳经历的距离,第三部分是群体最佳经历的距离,分别由加速度常数 c_1 和 c_2 控制其相对重要性。

蚁群算法是受对真实蚁群觅食行为的研究启发而形成的。在自然界中,蚂蚁在移动过程中会在经过的路径上留下信息素,并能感知信息素的存在和浓度。蚂蚁倾向于选择信息素浓度高的路径移动。同时信息素随着时间的推移会逐渐挥发消失。越多蚂蚁走过的路径,上面累积的信息素浓度就越高,从而会吸引更多的蚂蚁,这种正反馈机制,能够使蚂蚁群体找到一条最佳路径,并且保证大多数蚂蚁选择这条路径。

基本蚁群算法的数学模型由下面三个公式描述。

$$p_{ij}^k=\tau_{ij}^\alpha\eta_{ij}^\beta\Big/\sum_{j=A}\tau_{ij}^\alpha\eta_{ij}^\beta \quad (9.17)$$

$$\tau_{ij}(n+1) = \rho \cdot \tau i_j(n) + \sum_{k=1}^{m} \Delta \tau_{ij}^k \quad (9.18)$$

$\Delta \tau_{ij}^k = \dfrac{Q}{\sum L_k}$，如果第 k 个蚂蚁经过了从 i 到 j 的路径 （9.19）

其中，m 是蚂蚁的个数，n 是迭代的次数，i 是蚂蚁所在的位置，j 是蚂蚁可以到达的位置，A 是蚂蚁可以到达的位置的集合，η_{ij} 是启发性信息，表示从 i 到 j 路径的能见度，L_k 是目标函数，这里是两点之间的欧式距离，τ_{ij} 是从 i 到 j 的路径的信息素强度，$\Delta \tau_{ij}^k$ 对是蚂蚁 k 从 i 到 j 留下的信息素数量。α 和 β 分别表示蚂蚁在运动过程中所积累的信息以及启发式因子的权。Q 为常数，是信息素质量系数，P_{ij}^k 是蚂蚁 k 从位置 i 移动到位置 j 的转移概率。

第十章 自适应迭代最小二乘支持向量机回归研究

第一节 最小二乘支持向量机回归

Vapnik 最早将支持向量机应用于回归问题。支持向量机回归分为线性回归和非线性回归两类。

对于线性回归，是指对于输入样本

$$(x_1, y_1)(x_2, y_2),\cdots,(x_i, y_i),\cdots,(x_N, y_N), \ x_i \in R^d, \ y_i \in R$$

采用 Vapnik 定义的 ε - 不敏感损失函数：

$$L_\varepsilon(f(x), y) = \begin{cases} 0, |f(x)-y| < \varepsilon \\ |f(x)-y| - \varepsilon, \text{其他} \end{cases} \quad (10.1)$$

其中 ε 为不敏感系数，控制拟合的精度。找到线性回归函数 $f(x) = \omega \bullet x + b$，在误差精度 ε 下，对样本数据进行拟合，即：

$$|y_i - (w \bullet x_i + b)| \leqslant \varepsilon, \ i = 1,2,\cdots, N \quad (10.2)$$

根据结构风险最小化原则，$f(x)$ 应最小化 $\frac{1}{2}\|\omega\|^2$，考虑到 ε 精度处理不了的数据，引入松弛因子 $\xi_i \geqslant 0$，$\xi_i^* \geqslant 0$，则最优化问题为：

$$\underset{\omega}{Min} \frac{1}{2}\|\omega\|^2 + \gamma \sum_{i=1}^{N}(\xi_i + \xi_i^*) \quad (10.3)$$

$$s.t. \begin{cases} y_i - \omega \cdot x_i - b \leq \varepsilon + \xi_i \\ \omega \cdot x_i + b - y_i \leq \varepsilon + \xi_i^* \\ \xi_i \geq 0, \ \xi_i^* \geq 0, \ i = 1,2,\cdots,N \end{cases}$$

其中 γ 是惩罚因子。采用拉格朗日乘子法，可以得到其对偶的二次规划问题，即：

$$\underset{a_i a_i^*}{Max} \left\{ -\frac{1}{2} \sum_{i=1}^{N} \sum_{j=1}^{N} (a_i - a_i^*)(a_j - a_j^*)(x_i, \ x_j) - \varepsilon \sum_{i=1}^{N} (a_i + a_i^*) + \sum_{i=1}^{N} y_i (a_i - a_i^*) \right\} \quad (14.4)$$

$$s.t. \sum_{i=1}^{N} (a_i - a_i^*) = 0, \ 0 \leq a_i \leq \gamma, \ 0 \leq a_i^* \leq \gamma, \ i = 1,2,\cdots,N$$

求解该问题，并根据 KKT 条件，只有 $(a_i - a_i^*)$ 不为 0 那些样本才是支持向量，用 SV 表示支持向量集，回归函数可以表示为：

$$f(x) = \sum_{SV} (a_i - a_i^*)(x_i \cdot x) + b \quad (10.5)$$

对于非线性函数的回归，先通过一个非线性映射将样本 x 映射到一个高维特征空间，在特征空间中再对其进行线性回归。使用核函数 $K(x_i, \ x_j)$ 替代点积运算，从而避免了在高维空间中复杂的点积运算。通过和线性回归相似的求解过程，可以得到回归函数为：

$$f(x) = \sum_{SV} (a_i - a_i^*) K(x_i \cdot x) + b \quad (10.6)$$

在支持向量机回归中，不敏感系数控制模型的泛化能力，惩罚因子控制拟合曲线的复杂性，核函数的宽度系数影响回归曲线的光滑度。

一、LSSVR 和增量 LSSVR

假设学习集为 $S = \left\{ s_i \middle| s_i = (x_i, \ y_i), \ x_i \in R^n, \ y_i \in R, \ i = 1,2,\cdots,l \right\}$，回归函数的形式为

$$y(x) = w \cdot \phi(x) + b \quad (10.7)$$

其中 $\phi(\cdot)$ 是特征函数，w 和 b 是待求的回归参数。标准 SVM 是求解下面的最小值问题：

$$\begin{cases} \min Q(w, \ b, \ \xi, \ \xi^*) = \frac{1}{2} \|w\|^2 + \gamma \sum_{i=1}^{l} (\xi_i + \xi_i^*) \\ s.t. \ y_i - w \cdot \phi(x_i) - b \leq \varepsilon + \xi_i \\ w \cdot \phi(xi) + b - yi \leq \varepsilon + \xi_i^* \\ \xi_i, \ \xi_i^* \geq 0, \ i = 1,2,\cdots,l \end{cases} \quad (10.8)$$

其中 $\xi=(\xi_1, \xi_2,\cdots, \xi_l)^T$，$\xi^*=(\xi_1^*, \xi_2^*,\cdots, \xi_l^*)^T$，$\gamma$ 是惩罚因子，控制拟合曲线的复杂性。最小二乘支持向量机学习方法把优化问题（10.8）的不等式约束转化成了一组等式约束，从而只需求解一个线性方程组就能获得最小二乘支持向量机模型，转化后的最小值问题如（10.9）式所示：

$$\begin{cases} \min Q(w, e) = \dfrac{1}{2}\|w\|^2 + \dfrac{\gamma}{2}\sum_{i=1}^{l} e_i^2 \\ s.t.\ y_i = w\cdot\phi(x_i) + b + e_i,\ i=1,2,\cdots,l \end{cases} \quad (10.9)$$

其中 $e=(e_1, e_2,\cdots, e_l)^T$。从不等式约束转化为线性等式约束，把 SVM 学习的 QP 问题转化为线性方程组问题。根据 Lagrangian 优化理论，对最小值问题（10.9）建立 Lagrangian 函数：

$$L(w, b, e, a) = \dfrac{1}{2}\|w\|^2 + \dfrac{\gamma}{2}\sum_{i=1}^{l} e_i^2 - \sum_{i=1}^{l} a_i(w\cdot\phi(x_i) + b + e_i - y_i) \quad (10.10)$$

其中 $a=(a_1, a_2,\cdots, a_l)^T$。由（10.10）式的平衡条件可知：

$$\begin{cases} \dfrac{\partial L}{\partial w} = w - \sum_{i=1}^{l} a_i\phi(x_i) = 0 \\ \dfrac{\partial L}{\partial b} = -\sum_{i=1}^{l} a_i = 0 \\ \dfrac{\partial L}{\partial e_i} = \gamma e_i - a_i = 0 \\ \dfrac{\partial L}{\partial a_i} = w\cdot\phi(x_i) + b + e_i - y_i = 0 \end{cases} \quad (10.11)$$

即

$$\begin{bmatrix} I & 0 & 0 & -Z \\ 0 & 0 & 0 & -\bar{1} \\ 0 & 0 & \gamma I & -I \\ Z & \bar{1} & I & 0 \end{bmatrix} \begin{bmatrix} w \\ b \\ e \\ a \end{bmatrix} = \begin{bmatrix} 0 \\ 0 \\ 0 \\ y \end{bmatrix} \quad (10.12)$$

其中 $Z = [\phi(x_1), \phi(x_2),\cdots, \phi(x_l)]^T$，$y = [y_1, y_2,\cdots, y_l]^T$，$\bar{1} = [1,1,\cdots,1]^T$，$e = [e_1, e_2,\cdots, e_l]^T$，$a = [a_1, a_2,\cdots, a_l]^T$。由（10.12）式可知 $w = \sum_{i=1}^{l} a_i\phi(x_i)$，$e_i = \dfrac{1}{\gamma} a_i$，消去 w 和 e_i 之后，可得线性方程组：

$$\begin{bmatrix} 0 & \bar{1}^T \\ \bar{1} & ZZ^T + \gamma^{-1}I \end{bmatrix} \begin{bmatrix} b \\ a \end{bmatrix} = \begin{bmatrix} 0 \\ y \end{bmatrix} \quad (10.13)$$

结合 Mercer 条件可知：

$$\phi(x_i) \cdot \phi(x_j) = k(x_i,\ x_j) \equiv \Omega_{ij},\ i,\ j = 1,2,\cdots, l \quad (10.14)$$

其中 $k(\cdot,\cdot)$ 是核函数，通常取为高斯核 $k(x_i,\ x_j) = \exp(-\|x_i - x_j\|^2 / (2\sigma^2))$。我们称 $\Omega + \gamma^{-1}I$ 为核相关矩阵，若记 $A = \Omega + \gamma^{-1}I$，则（10.13）式可改写为：

$$\begin{bmatrix} 0 & \bar{1}^T \\ \bar{1} & A \end{bmatrix} \begin{bmatrix} b \\ a \end{bmatrix} = \begin{bmatrix} 0 \\ y \end{bmatrix} \quad (10.15)$$

由（10.15）式可以求得：

$$b = \frac{\bar{1}^T A^{-1} \cdot y}{\bar{1}^T A^{-1} \bar{1}} \quad (10.16)$$

$$a = A^{-1}(y - b\bar{1}) \quad (10.17)$$

由（10.16）式，（10.17）式和 $w = \sum_{i=1}^{l} a_i \phi(x_i)$ 可以得到（10.7）式表达的回归函数

$$y(x) = w \cdot \phi(x) + b = \sum_{i=1}^{l} a_i \phi(x_i)\phi(x) + b = \sum_{i=1}^{l} a_i k(x_i,\ x) + b \quad (10.18)$$

其中，a、b 是确定回归函数的参数，称之为回归参数。Liu 等在 LSSVR 的基础上提出了一种增量式 LSSVR 学习算法。从（10.16）式和（10.17）式可以看出，通过计算核相关矩阵的逆 A^{-1} 就能够确定回归参数。当有新的样本 $s_{l+1} = (x_{l+1},\ y_{l+1})$ 加入学习集时，核相关矩阵变成

$$A_{l+1} = \begin{bmatrix} A_l & b_1 \\ b_2 & c \end{bmatrix} \quad (10.19)$$

其中 A_l、A_{l+1} 分别是学习集 S 和 $S \cup \{S_{l+1}\}$ 的相关矩阵，$b_2 = (\Omega_{l+1,1},\cdots,\Omega_{l+1,l})$，$b_1 = b_2^T$，$c = \Omega_{l+1,\ l+1}$，显然，如果可以利用 A_l^{-1} 而不必完全重新计算就可得到 A_{l+1}^{-1}，则完成了增量式 SVM 学习的任务。增量式 LSSVR 算法一下面两个引理为基础：

引理 10.1（Partitioned Matrix Inverse）：假设所涉及的逆矩阵都存在，则

矩阵 $A = \begin{bmatrix} P & Q \\ R & S \end{bmatrix}$ 的逆可以写成下面的形式：

$$A^{-1} = \begin{bmatrix} (P-QS^{-1}R)^{-1} & -P^{-1}Q(S-RP^{-1}Q)^{-1} \\ -(S-RP^{-1}Q)^{-1}RP^{-1} & (S-RP^{-1}Q)^{-1} \end{bmatrix}^{-1}$$
$$= \begin{bmatrix} P^{-1} & 0 \\ 0 & 0 \end{bmatrix} + \begin{bmatrix} -P^{-1}Q \\ I \end{bmatrix} [S-RP^{-1}Q]^{-1} [-RO^{-1}I] \quad (10.20)$$

引理 10.2（Matrix Inversion Lemma）：若有矩阵 A、B、C、D，且 A^{-1}、C^{-1} 存在，则下式成立

$$(A+BCD)^{-1} = A^{-1} - A^{-1}B(C^{-1}+DA^{-1}B)^{-1}DA^{-1} \quad (10.21)$$

基于上面两个引理，Liu 等得出了下面的结论：

若 A_l 和 A_l^{-1} 已知，且 $A_{l+1} = \begin{bmatrix} A_l & b_1 \\ b_2 & c \end{bmatrix}$，则

$$A_{l+1}^{-1} = \begin{bmatrix} A_l^{-1} & 0 \\ 0 & 0 \end{bmatrix} + \Delta \begin{bmatrix} A_l^{-1}b_1 \\ -1 \end{bmatrix} [b2A_l^{-1} \ -1] \quad (10.22)$$

其中 $\Delta = (c - b_2 A_l^{-1} b_1)^{-1}$，从而易于求得对应新样本集的回归函数：

$$f(X) = \sum_{i=1}^{l+1} \alpha_i k(x_i, \ x) + b \quad (10.23)$$

二、逆学习算法

对于给定的样本集 S，考文贝格斯（Cauwenberghs）等提出了逆学习算法，按照一定的选择策略在已经学习过的样本集中去除某个样本，不必重新求解全部回归参数，而是在原问题的基础上进行新的学习。对于 LSSVR，就是可以在已知 $A_l = (a_{ij})$ $A_l^{-1} = (\tilde{a}_{ij})$ 和 $A_{l-1} = (a_{ij})_{i,j \neq k}$ 的前提下计算 A_{l-1}^{-1}。这里 A_{l-1} 是 A_l 去掉第 k 行，第 k 列后的降阶矩阵。我们称之为核相关矩阵的降阶求逆，简称降阶求逆。Cauwenberghs 等未加证明地给出了降阶求逆的公式。不妨令 $A_{l-1}^{-1} = (\hat{a}_{ij})_{i,j \neq k}$，则降阶求逆的公式为：

$$\hat{a}_{ij} = \tilde{a}_{ij} - \frac{1}{\tilde{a}_{kk}} \tilde{a}_{ik} \tilde{a}_{kj}, i,j \neq k \quad (10.24)$$

第二节　AILSSCR 算法

受增量式学习算法和逆学习算法的启发，本文提出了 AILSSVR。假设学习集为

$$S = \{s_i | s_i = (x_i, y_i), x_i \in R^n, y_i \in R, i = 1, 2, \cdots, l\}$$

回归函数形式为

$$f(x, a, b) = \sum_{i \in W} \alpha_i k(x, x_i) + b = f(x)\Big|_{\hat{W}} \quad (10.25)$$

其中 a、b 是回归参数，W 是工作集，即用于训练支持向量机的学习样本集，$\hat{W}$ 是回归参数集，由学习算法以工作集 W 确定。本文提出的 AILSSVR 算法由初始化和迭代更新两部分组成。

预定学习精度和检验精度均为 θ，算法停止参数为 ε。AILSSVR 学习算法的步骤为：

第一部分：初始化

① 令 $W = \{S_1, S_2\}$，解析地计算 A^{-1}。这里 $y_1 \neq y_2$ 根据公式（10.16）和（10.17）得到回归参数集 $\hat{W}$

② for $k = 3, \cdots, l$　do

③ 以样本 S_k 检测回归函数 $f(x)\Big|_{\tilde{W}}$

④ if $\left|f(x_k)\Big|_{\tilde{W}} - y_k\right| > \theta$ then

⑤ $W = W \cup \{S_k\}$

⑥ 以增量算法重新计算 $\hat{W}$

⑦ 寻找最小的支持向量机 $|\alpha_{i^*}| = \min_{S_i \in W}\{|\alpha_i|\}$

⑧ $\hat{W} = \tilde{W} \setminus \{S_{i^*}\}$ // $\hat{W}$ 为临时工作集

⑨ 采用逆学习算法由 $\hat{W}$ 计算 $(\hat{W})^{\sim}$ // $(\hat{W})^{\sim}$ 临时回归参数集

⑩ 以样本 S_{k+1} 检测临时回归函数 $f(x)\Big|_{(\hat{W})^{\sim}}$

⑪ if $\left|f(xk_{+1})\Big|_{(\hat{W})^{\sim}} - y_{k+1}\right| \geq \theta$ then

⑫ $W = \hat{W}, \tilde{W} = (\hat{W})\tilde{\,}$

⑬ end if

⑭ end if

⑮ end for

⑯ 计算工作集的目标函数值 $Q(w, e)|_W$

第 1 步中核相关矩阵 A 是一个 2 阶矩阵，因此它的逆 A^{-1} 可以采用解析的方法计算。后面随着工作集样本数目的增加将采用增量算法计算核相关矩阵 A 的逆矩阵，从而可以快速得到新的回归函数。目标函数的计算公式为

$$Q(w, e)|_W = \frac{1}{2}\|W\|^T_{w\in \tilde{W}} + \frac{\gamma}{2}\sum_{S_i \in W} e_i^2 \qquad (10.26)$$

第二部分：迭代更新

⑰ if $(|W| == l)$ then

⑱ 输出回归函数 $f(x)|_{\tilde{W}}$

⑲ else

⑳ bStop=false，// bStop 为停机变量

㉑ while bStop=false do

㉒ for $k = 1, \cdots, l$ do

㉓ if $S_k \notin W$ && $\left| f(x_k)|_{\tilde{W}} - y_k \right| > \theta$ then

㉔ $W = W \cup \{S_k\}$

㉕ 以增量算法重新计算 $\hat{W}$

㉖ 确定最小的支持向量谱 $|\alpha_{i^*}| = \min_{S_i \in W}\{|\alpha_i|\}$

㉗ $\hat{W} = W \setminus \{S_{i^*}\}$ // $\hat{W}$ 为临时工作集

㉘ 采用逆学习算法由 $\hat{W}$ 计算 $(\hat{W})\tilde{\,}$

㉙ $k\_tmp = k + 1$

㉚ while $S_{k\_tmp} \in \hat{W}$ do

㉛ $k\_tmp = (k\_tmp + 1)\%l + 1$

㉜ end while

㉝ if $\left| f(x_{k\_tmp}) \right|_{(\hat{W})\tilde{}} - y_{k\_tmp} \right| \leq \theta$ then

㉞ $W = \hat{W}$, $\tilde{W} = (\hat{W})\tilde{}$

㉟ end if

㊱ 计算新的工作集目标函数值 $Q(w,e)|_W$

㊲ end if

㊳ end for

㊴ 更新停机变量

㊵ end while

㊶ end if

停机变量的更新规则为，若

$$\frac{\left| Q_{curren} - Q_{last} \right|}{Q_{curren}} \leq \varepsilon \qquad (10.27)$$

则 bStop=true，反之，bStop=false，（10.27）式中 Q_{last} 和 Q_{curren} 分别为上一次和本次工作集更新后的目标函数值。

第十一章 一维下料问题的智能求解

第一节 一维下料问题

标准一维下料问题（Standard One-dimensional Cutting Stock Problem，S1D-CSP）可以表述为：企业现有数量充足的长度为 L 的原材料，现在需要从原材料上切割下来长度分别为 $l_i(i=1,2,\cdots,n)$ 的坯料，对应的坯料数量为 $d_i(i=1,2,\cdots,n)$，目标是在保证坯料供应的前提下，消耗的原材料最少或者切割损耗（Trim loss）最少。

S1D-CSP 最早由苏联经济学家坎托罗维奇（Kantorovich）在 1939 年提出，他也给出了该问题的第一个线性整数规划模型，该模型如下：

$$\min \sum_{k=1}^{K} y_k \tag{11.1}$$

$$s.t. \begin{cases} \sum_{k=1}^{K} x_{ik} \geq d_i & i=1,2,\cdots,n \\ \sum_{i=1}^{n} l_i x_{ik} \leq L y_k & k=1,2,\cdots,K \\ y_k \in \{0,1\} & k=1,2,\cdots,K \\ x_{ik} \geq 0 \text{且为整数} & i=1,2,\cdots,n, k=1,2,\cdots,K \end{cases} \tag{11.2}$$

其中，$y_k=1$ 表示第 k 根原材料被切割，$y_k=0$ 表示第 k 根原材料未被使用，x_{jk} 表示在第 k 根原材料上切割下来的第 i 种坯料的数量，K 表示完成生产任务所需要的原材料的数量上界。模型忽略了切割损耗，易得优化目标下界为 $\left\lceil \sum_{i=1}^{n}(l_i d_i)/L \right\rceil$。

戴克霍夫（Dyckhoff）根据下料的维度、分配的类型、原材料的种类和坯料的种类四个方面给出了下料问题的一个分类方法。

1. 维度

1——一维

2——二维

3——三维

N——N维

2. 分配的类型

B——所有原材料和部分坯料（坯料用完）

V——所有坯料和部分原材料（原材料用完）

3. 原材料的种类

O——一个原材料

I——原材料长度相同

D——原材料长度不同

4. 坯料的种类

F——数量很小（规格也很少）

M——数量很大并且规格很多

R——数量很大但相对规格很少

C——单一规格

按照他的分类标准，标准一维下料问题可以描述为1/V/I/M。

第二节　基于蚁群算法求解一维下料问题

算法采用了一个以最小化总余料和切割方案的多目标多约束的一维下料问题优化模型。模型描述如下：

原材料的长度为L，需要生产的n个坯料的长度为l_1，l_2，$\cdots$，l_n，对应的数量分别为b_1，b_2，$\cdots$，b_n。设共有m种切割方案，每一种方案重复使用的次数为$x_j(j=1,2,\cdots,n)$。每一次切割产生的损耗为LS。

$$\begin{cases} \min F = L\sum_{j=1}^{m} x_j - \sum_{j=1}^{m}\sum_{i=1}^{n} l_i a_{ij} x_j \\ \min m \end{cases} \quad (11.3)$$

$$s.t. \begin{cases} L - \sum_{i=1}^{n}(l_i + LS)di_j \geq 0 & j=1,2,\cdots,m \\ \sum_{j=1}^{m} a_{ij} x_j = b_i & j=1,2,\cdots,m \\ x_j \geq 0 & j=1,2,\cdots,m \end{cases} \quad (11.4)$$

式（11.3）是模型的目标函数，式（11.4）是模型的约束条件。采用一种线性加权的方法，将多目标问题转换为单目标问题，以便于使用蚁群算法求解。转换后的目标函数为

$$\min(F + qm) \quad (11.5)$$

其中 q 是权重系数。

我们采用的编码方式是，将需要的全部 B 个坯料从 1 到 B 进行编码 $B = (b_1 + b_2 + \cdots b_n)$。长度相同的坯料如果编码不同，那么也认为是不同的。全部坯料的编码构成了集合 W（ $W = \{1, 2, \cdots, B\}$）。将这 B 个坯料作为 ACA 算法的 B 个节点。在算法开始时，随机初始化 m 只蚂蚁，并将它们随机放置到 B 个节点上。

从一只蚂蚁选择的第一个坯料节点开始，当路径上的坯料长度和接近 L 并且不超过 L 时，认为是一种切割方案，接着从下一个坯料节点开始，用同样的方法计算坯料长度和，直到路径上的所有坯料节点都被计算为止。这样我们就得到了总余料长度和切割方案数。所有的切割方案首尾相连就构成了一个完整的蚂蚁路径。

这里首先具体实现了前面提到对蚁群算法的改进策略。

调整群体规模：即调整群体中蚂蚁的数量。蚂蚁的数量与算法的时间复杂性息息相关。如果在算法的每一次迭代中都维持相同的蚂蚁数量的话，那么当搜索向接近最优解的区域收敛时，蚂蚁的数量越大，算法运行消耗的时间越多。所以在算法的运行过程中，蚂蚁的数量需要根据解的搜索过程进行调整。具体调整策略如下：在搜索的开始阶段，设置蚂蚁数量为最大值 $AntNum_{\max}$，以保持可行解的多样化，避免搜索过程陷入局部最优；在搜索过程的后期，如果连续 5 次（或者 10 次）迭代求得的解没有或者只有较少的变化，则认为蚂蚁的

数量和最优解的搜索之间的关系弱化了，这时适当地减少蚂蚁的数量。

建立候选节点集合：对每一个节点都计算其对应的候选节点集合。蚂蚁们应该优先地从候选节点集合中选择下一个目标节点。只有当候选节点集合中所有的节点都已经在一只蚂蚁的tabu表中，这只蚂蚁才能选择其他的节点。为了减少构建蚂蚁路径的时间复杂性，候选节点集合的规模通常设置为10到30之间。对任一节点，它周围的节点将按照与它的距离进行升序排序，只有固定数量（等于候选节点集的规模）的节点被选择进入候选节点集合。由于这样不必计算所有节点的转移概率，算法的时间复杂性得到了减少。

基于优化排序的信息素更新策略：在早期的迭代中，为了保持可行解的多样化，更新所有的蚂蚁路径上的信息素。参考了优化的基于排序的蚂蚁系统的信息素更新策略，我们使用一种结合了基于优化排序的混合策略去更新信息素。基于可行解质量的排序，我们选择最优的 σ 只蚂蚁，更新它们的路径上的信息素。由于并不是所有路径上的信息素都更新，一方面某些路径上有可能因为不断的信息素累积而达到极大值，而没有更新到的路径由于信息素挥发因子 $1-\rho$ 则可能导致路径上的信息素趋近零，这些都不利于搜索，因此将路径上的信息素控制在 $[\tau_{\min}, \tau_{\max}]$ 之间。

$$\tau i_j(t+1) = \rho\tau_{ij}(t) + \Delta\tau_{ij} + \Delta\tau_{ij}^* \quad (11.6)$$

其中 $\Delta\tau i_j = \sum_{\mu=1}^{\sigma-1}\Delta\tau_{ij}^\mu$，表示更新之前的 $\sigma-1$ 只蚂蚁在边 (i,j) 上产生的信息素。

$$\Delta\tau_{ij}^\mu = \begin{cases} (\sigma-\mu)\dfrac{Q}{L^\mu} & \text{if the } \mu\text{th best ant visit the edge } (i,j) \\ 0 & \text{otherwise} \end{cases} \quad (11.7)$$

$$\Delta\tau_{ij}^* = \begin{cases} \sigma\dfrac{Q}{L^*} & \text{if the edge } (i,j) \text{ is a part of the best solution} \\ 0 & \text{other} \end{cases} \quad (11.8)$$

其中，μ 是精英蚂蚁们的序号；$\Delta\tau_{ij}^*$ 是第 μ 只精英蚂蚁在边 (i,j) 上产生的信息素增量。L^μ 是第 μ 只精英蚂蚁当前走过的路径长度。$\Delta\tau_{ij}^*$ 是精英蚂蚁们在边 (i,j) 上产生的信息素增量。σ 是精英蚂蚁的数量，L^* 是发现的最优解的路径长度。

转移概率：结合前面提到的候选节点集合策略，引入随机转移概率。

蚂蚁构造解的过程相当于一个agent，它的任务就是遍历所有的节点，并且最终回到初始节点形成一个回路。把蚂蚁 k 放置到节点 i 上，它的候选节点集合为 $cset_i$，蚂蚁 k 将会按照公式（11.9），（11.10）定义的状态转移规则从节点 i 移动到节点 j。

如果节点 i 的候选节点集合中还有点没有被加入禁忌表 $tabu_k$ 中，那么

$$s = \begin{cases} \underset{j \in cset_i}{\arg\max} \left\{ [\tau(i,j)]^{\alpha} \cdot [\eta(i,j)]^{\beta} \right\} & (q \leq q_0) \\ P_{ij}^k(t) & \text{otherwise} \end{cases} \quad (11.9)$$

如果节点 i 的候选节点集合中所有的点都已经被加入禁忌表 $tabu_k$ 中，那么

$$s = \begin{cases} \underset{j \in allowed_k}{\arg\max} \left\{ [\tau(i,j)]^{\alpha} \cdot [\eta(i,j)]^{\beta} \right\} & (q \leq q_0) \\ P_{ij}^k(t) & \text{otherwise} \end{cases} \quad (11.10)$$

其中 q 是 $[0,1]$ 之间满足均匀分布的一个随机数，q_0 是一个参数 $0 \leq q_0 \leq 1$，决定了"利用"与"开发"的相对重要性，当 $q \leq q_0$ 时，按照（11.10）式，将"利用"最好的路径，否则将按照浓度高、概率高的原则"开发"路径。

$$P_{ij}^k(t) = \begin{cases} \dfrac{\left(\tau_{ij}^k(t)\right)^{\alpha} \left(\eta_{ij}^k(t)\right)^{\beta}}{\sum\limits_{j \in allowed_k} \left(\tau_{ij}^k(t)\right)^{\alpha} \left(\eta_{ij}^k(t)\right)^{\beta}} \\ 0 \qquad\qquad\qquad\qquad\qquad \text{otherwise} \end{cases} \quad (11.11)$$

蚂蚁个体差异：在基本的 ACA 算法中，每一只蚂蚁的参数 α 和 β 的值都是一样的，并且固定不变，所以在群体中每一只蚂蚁的行为策略都是相同的，而在真实的蚂蚁群体中，个体的行为是多种多样的。为了模拟蚁群中个体的差异性，算法中为每只蚂蚁指定不同的参数 α 和 β 的值。同时，在算法的每一次迭代后，根据解的质量，调整获得最优解的蚂蚁的 α 和 β 的值，以增强信息素在转移概率中的作用。

参数 α 和 β 的自适应调节：信息启发因子 α 反映了在移动过程中信息素累积的相对重要性，而期望启发因子 β 则反映了在搜索的导航过程中启发信息的相对重要性。α 越大，蚂蚁选择以前走过的路径的可能性就越大，α 越小，蚂蚁搜索的随机性就越强。β 越大，算法的收敛速度越快，但是搜索到最优路径的随机性降低，β 过小，蚁群也会陷入盲目的随机搜索。在最初的阶段，参数 α 和 β 取较小的值能够扩大搜索空间。在后期增大参数 α 和 β 的值则能缩减搜索空间，使解逼近最优路径并且产生正反馈。这一策略不仅能够加快算法的收

敛速度，并且当算法陷入一个局部最优解时，由于正反馈的作用被加强，算法能够容易地找到更好的解从而及时跳出局部最优解。

参数 α 和 β 的调节遵照公式（11.12）和（11.13）。

$$\alpha(t+1) = \begin{cases} \xi_1\alpha(t) & if\ \xi_1\alpha(t) < \alpha_{max} \\ \alpha_{max} & otherwise \end{cases} \quad (11.12)$$

$$\beta(t+1) = \begin{cases} \xi_2\beta(t) & if\ \xi_2\beta(t) < \beta_{max} \\ \beta_{max} & otherwise \end{cases} \quad (11.13)$$

其中 ξ_1 和 ξ_2 是大于 1 的常数，α_{max} 和 β_{max} 是为 α 和 β 指定的上限。

结合遗传算法：结合了遗传算法的混合 ACA 算法具有遗传算法变异和交叉的优势。引入了交叉算子和变异算子能够增强寻找全局最优解的能力和提高 ACA 算法的收敛速度。算法采用的交叉算子用如下的方式工作，对于两个父本 C_1^t 和 C_2^t，找到其交集，即连续相等的片段，从父本去除交集后得到 $\hat{C}_1^t$ 和 $\hat{C}_2^t$，对其进行单点交叉，用 $\hat{C}_1^t$ 在交叉点前的部分和 $\hat{C}_2^t$ 组成一个新的串，从其中 $\hat{C}_2^t$ 部分去除与 $\hat{C}_1^t$ 重合的元素，即得到一个新的子代 C_1^{t+1}，通过同样的方法，可以得到另一个子代 C_2^{t+1}。这样的交叉处理基于顺序交叉方法，可以保留原有路径的相对访问顺序。

变异算子采用 0.3 的变异概率，随机交换两个坯料。

求解一维下料问题的改进蚁群算法描述如下：

Step 1：初始化参数。设置迭代计数器 NC←0，并设置最大迭代次数 NC_{max}。

Step 2：编码。编码后的坯料集合为 W（$W = \{1, 2, \cdots, B\}$）。

Step 3：计算候选节点集合。根据启发信息 f_{ij}（$f_{ij} = L - l_i - l_j$），计算每个节点 i 的候选节点集合，称之 $cset_i$。

Step 4：初始化边（i, j）上的信息素，令 $\tau_{ij}(0) = const$，$const$ 是一个常量，初始时，$\Delta\tau_{ij}(0) = 0$。设置参数 α 和 β 的值。

Step 5：迭代次数 NC←NC+1。

Step 6：初始化 m 只蚂蚁，并放置到 B 个节点上。将蚂蚁 k 的当前节点 i 加入其禁忌表 $tabu_k$ 中。

Step 7：设置蚂蚁索引 $k=1$。

Step 8：设置蚂蚁的个体差异。适当的初始化蚂蚁的 α 和 β 值。限定 α 和

β 的浮动范围不超过 10%。

Step 9：根据转移概率公式（11.9）、（11.10）、（11.11）计算蚂蚁的转移概率。$P_{ij}^k(t)$ 是蚂蚁 k 从节点 i 到节点 j 的状态转移概率。$\eta_{ij}^k(t) = L - l_i - l_j$ 表示蚂蚁 k 在节点 i 之后选择节点 j 产生的余料。

Step 10：根据计算出来的概率，将蚂蚁 k 从当前节点移动到下一个节点 j，然后更新禁忌表 $tabu_k$，将节点 j 加入禁忌表 $tabu_k$ 中。

Step 11：如果 W 中还有节点没有访问到，即 $k<m$，则设置蚂蚁索引 $k = k+1$，转到 Step 8，否则继续向下执行。

Step 12：如果迭代次数 $NC > 10$，引入遗传算法中的交叉和变异算子。如果遗传算法计算出的新解优于初始解，则更新初始解，否则保留初始解。

Step 13：如果 $NC \leq 10$，则更新所有蚂蚁解路径上的信息素；否则，按照解路径的质量对其进行分级，按照公式（11.6）、（11.7）、（11.8）更新前 σ 只精英蚂蚁的解路径上的信息素。

Step 14：比较每一次迭代得到的最优解，如果在连续的 5（或者 10）次迭代中，最优解没有或者只有较小的变化，那么适当减少蚂蚁的数量。同时适当的调整参数 α 和 β 的值。

Step 15：如果达到终止条件，即迭代次数 $NC \geq NC_{max}$，终止算法，输出结果。否则清空所有的禁忌表，转向 Step 5。

第十二章　智能计算在网络优化中的应用

第一节　遗传算法及其在路由优化中的应用

遗传算法是模拟生物在自然环境中遗传和进化过程而形成的一种自适应全局优化概率搜索算法。它最早是由美国密执安大学霍兰（Holland）教授提出，起源于 60 年代对自然和人工自适应系统的研究。70 年代德容（De Jong）基于遗传算法的思想在计算机上进行了大量的纯数值函数优化的计算实验。在一系列研究工作基础上，80 年代由高柏（Goldberg）进行归纳总结形成遗传算法的基本框架。

一、基本遗传算法

遗传算法是以自然选择和遗传理论为基础，将生物进化过程中适者生存规则与群体内部染色体的随机信息交换机制相结合的搜索算法。它在搜索之前，先将变量以某种形式进行编码（编码后的变量称为染色体），不同的染色体构成一个群体。对于群体中的染色体，将以某种方法评估出其适应值。新一代群体的产生是按下面两个步骤完成的：首先，根据染色体的适应值选择被保留的染色体以及相应的复制次数；其次，对被选择的染色体进行重组、变异，产生新的染色体。遗传算法的基本流程如下所示。

①随机产生一组初始个体构成初始种群，并评价每一个体的适应度值。
②判断算法收敛准则是否满足，是则输出搜索结果，否则执行以下步骤。
③根据适应度值的大小以一定方式执行复制操作。
④按交叉概率 P_c 执行交叉操作。
⑤按变异概率 P_m 执行变异操作。

⑥返回步骤②。

二、遗传算法的实现技术

染色体编码方法、个体适应度评价、遗传算子、运行参数为实现遗传算法的几个关键方面，是必不可少的。

（一）编码方法

编码是指在遗传算法中，把一个问题的可行解从其解空间转换到遗传算法所能处理的搜索空间的转换方法。编码是应用遗传算法时要解决的首要问题，也是设计遗传算法时的一个关键步骤。编码方法除了决定个体的染色体排列式之外，它还决定个体从搜索空间的基因型变换到解空间的表现型时的解码方法，编码法也影响到交叉算子、变异算子等遗传算子的运算方法，编码方法在很大程度上决定了如何进行群体的遗传进化运算以及遗传进化运算的效率。

对于一个具体的应用问题，如何设计一种完美的编码方案一直是遗传算法应用难点之一，也是遗传算法的一个重要研究方向。可以说目前还没有一套既严密又完整的指导理论及评价准则能够帮助我们设计编码方案。一般地，我们参考 De Jong 曾提出的两条操作性较强的实用编码原则。

①有意义积木块编码原则：应使用能易于产生与所求问题相关的且具有低价、短定义长度模式的编码方案。

②最小字符集编码原则：应使用能使问题得到自然表示或描述的具有最小编码字符集的编码方案。

需要说明的是，这两条编码原则仅仅是给出了设计编码方案时的一个指导性大纲，它并不适合所有的问题。所以对于实际问题，仍必须对编码方法、交叉算方法、变异运算方法、解码方法等统一考虑，以寻求一种对问题描述最为便、遗传运算率最高的编码方案。

由于遗传算法应用的广泛性，迄今为止人们已经提出了许多种不同的编码方法。总的来说，这些编码方法可以分为三大类：二进制编码方法、浮点数编码方法、符号编码方法。

（二）个体适应度函数

遗传算法中，采用适应度来度量群体中各个个体在优化计算中有可能达到或接近于或有助于找到最优解的优良程度。适应度较高的个体以较高的概率遗传到下一代；而适应度较低的个体遗传到下一代的概率就相对小一些。

遗传算法的一个特点是它仅使用所求问题的目标函数值就可得到上一步的有关搜索信息。而对目标函数值的使用是通过评价个体的适应度来体现的。评价个体的适应度的一般过程包括以下几种。

①对个体编码进行解码处理后，可得到个体的表现型。

②由个体的表现型可计算出对应个体的目标函数值。

③根据最优化问题的类型，由目标函数值按一定的转换规则求出个体的适应度。

最优化问题可分为两大类，一类为求目标函数的全局最大值，另一类为求目标函数的全局最小值。对于这两类优化问题，可采用解空间中某一点的目标函数值$f(x)$到搜索空间对应个体的适应度函数值$F(X)$的转换方法：

对于求最大值的问题，做如下转换：

$$F(X) = \begin{cases} f(X) + C_{\min}, & if\ f(X) + C_{\min} > 0 \\ 0, & if\ f(X) + C_{\min} > 0 \end{cases} \quad (12.1)$$

式中，$C_{\min}$相当一个适当地相对较小的数。

对于求最小值的问题。做如下转换：

$$F(X) = \begin{cases} C_{\max} - f(X), & if\ f(X) < C_{\max} \\ 0, & if\ f(X) \geqslant C_{\max} \end{cases} \quad (12.2)$$

式中，$C_{\max}$相当一个适当地相对较大的数。

遗传算法中，群体的进化过程就是以群体中个体的适应度为依据，通过一个反复迭代过程，不断地寻求出适应度较大的个体，最终就可得到问题的最优解或近似最优解。遗传算法搜索能力主要是由选择和杂交赋予的，变异算子则保证了算法能搜索到问题解空间的每一点，从而使算法达到全局最优。

（三）遗传算子

遗传算法中使用下述三种遗传算子。

（1）选择运算

选择运算是实现对群体中的个体进行优胜劣汰的操作。遗传算法中的选择操作就是用来确定如何从父代群体中按某种方法选取哪些个体遗传到下一代群体。选择操作建立在对个体的适应度进行评价的基础之上，适应度较高的个体被遗传到下一代群体中的概率较大，适应度较低的个体被遗传到下一代群体中的概率较小。其主要目的是为了避免基因缺失、提高全局收敛性和计算效率。

选择运算使用的算子主要有：比例选择、最优保存策略、确定式采样选择、无回放随机选择、排序选择等算子。用的较多的比例选择的思想是：各个个体被选中的概率与其适应度大小成正比；最优保存策略则是考虑到由于选择、交叉、变异的遗传操作的随机性，它们有可能破坏当前群体中适应度最好的个体（而这恰恰是我们所需要保留的），为了避免这种破坏发生，采取当前群体中适应度最好的个体不参与交叉和变异运算，替换本代群体中经过交叉和变异等遗传操作后适应度最低的个体，从而直接保留到下一代的策略。

（2）交叉运算

交叉运算是指对两个相互配对的染色体按某种方式相互交换其部分基因，从而形成两个新的个体。交叉运算是遗传算法区别于其他进化算法的重要特征，它在遗传算法中起着关键作用，是产生新个体的主要方法。

遗传算法中，在交叉运算之前还必须先对群体中的个体进行配对。目前常用的配对策略是随机配对，即将群体中的 M 个个体以随机的方式组成 $M/2$ 对配对个体组，交叉操作是在这些配对个体组中的两个个体之间进行的。

最常用的交叉算子是单点交叉算子。单点交叉是指在个体编码串中只随机设置一个交叉点，然后在该点相互交换两个配对个体的部分染色体，其特点是若邻近基因座之间的关系能提供较好的个体性状和较高的个体适应度的话，则这种单点交叉操作破坏这种个体性状和降低个体适应度的可能性较小。另外，人们根据具体的问题，也使用双点交叉与多点交叉、均匀交叉、算术交叉等算子。

（3）变异运算

变异运算是指将个体染色体编码串中的某些基因座上的基因值，用该基因座的其他等位基因来替换，从而形成一个新的个体。变异算子的主要作用是改善遗传算法的局部搜索能力，维持群体的多样性，防止出现早熟现象。

最简单的变异算子是基本位变异算子，此外还有均匀变异、边界变异、非均匀变异、高斯变异等算子。对于基本位变异操作，它对个体编码串中以变异概率，随机指定的某一位或某几位基因座上的基因值做变异运算。均匀变异操作则是指分别用符合某一范围内均匀分布的随机数，以某一较小的概率来替换个体编码串中各个基因座上的原有基因值。

从遗传运算过程中产生新个体的能力方面来说，交叉运算是产生新个体的主要方法，它决定了遗传算法的全局搜索能力而变异运算只是产生新个体的辅助方法，但它也是必不可少的一个运算步骤，因为它决定了遗传算法的局部搜索能力。交叉算子与变异算子相互配合，共同完成对搜索空间的全局搜索和局部搜索，从而使遗传算法能够以良好的搜索性能完成最优化问题的寻优过程。

（四）遗传算法的参数选择

遗传算法中需要选择的运行参数主要有个体编码串长度 l、群体大小 M、交叉概率 p_c、变异概率 p_m、终止代数 T 等。这些参数对遗传算法的运行性能影响较大，需要认真选取。

①编码串长度 l。使用二进制编码来表示个体时，编码串长度的选取与问题所要求的求解精度有关；使用浮点数编码来表示个体时，编码串长度与决策变量的个数 n 相等；使用符号编码来表示个体时，编码串长度 l 由问题的编码方式来确定；另外，也可使用变长度的编码来表示个体。

②群体大小 M。群体大小 M 表示群体中所含个体的数量。当 M 取值较小时，可提高遗传算法的运算速度，但却降低了群体的多样性，有可能会引起遗传算法的早熟现象；而 M 取值较大时，又会使遗传算法的运行效率降低。一般的取值范围为 20～100 个。

③交叉概率 p_c。交叉操作是遗传算法中产生新个体的主要方法，所以交叉概率一般应取较大的值。但若取值过大，又会破坏群体中的优良模式，对进化运算反而产生不利的影响；取值过小，产生新个体的速度比较慢。一般取 0.4～0.99。另外，也可以使用自适应的思想来确定交叉概率 p_c，如随着遗传算法在线性能的提高，可以增大交叉概率 p_c 的取值。

④变异概率 p_m。若变异概率 p_m 取值较大，虽然能够产生出较多的新个体，但也有可能破坏群体中很多较好的模式，使得遗传算法的性能近似于随机搜索算法的性能；若变异概率 p_m 取值较小，则变异操作产生新个体的能力和抑制早熟现象的能力就会较差，一般都取 0.0001～0.10。

⑤终止代数 T。终止代数 T 是表示遗传算法运行结束条件的一个参数，它表示遗传算法运行到指定的进化代数之后就停止运行，并将当前群体中的最佳个体作为所求问题的最优解输出，一般取 100～10000 代。

（五）约束条件的处理方法

实际应用中的优化问题一般都有一定的约束条件，目前还未有一种能够处理各种约束条件的一般化方法，所以对约束条件的处理，只能是针对具体问题的约束条件的特征，考虑遗传算子的运行能力，选用不同的处理方法。在构造遗传算法时，处理约束条件的常用方法主要有搜索空间限定法，可行解变换法和罚函数法。

三、遗传算法的特点

遗传算法是一类可用于复杂系统优化计算的鲁棒搜索算法，与其他一些优化算法相比，它主要有以下几个特点。

①遗传算法以决策变量的编码作为运算对象。传统的优化算法往往直接利用决策变量的实际值来进行优化计算，但遗传算法不是直接以决策变量的值，而是以决策变量的某种形式的编码为运算对象。这种对决策变量的编码处理方式，使我们在优化计算过程中可以借鉴生物学中染色体和基因等概念，可以模仿自然界中生物的遗传和进化等机理，也使我们可以方便地应用遗传操作算子。特别是对一些无数值概念或很难有数值概念而只有代码概念的优化问题，编码处理方式更显示出了其独特的优越性。

②遗传算法直接以目标函数作为搜索信息。传统的优化算法不仅需要利用目标函数数值，而且往往需要目标函数的导数值等其他一些辅助信息才能确定搜索方向。而遗传算法仅使用由目标函数值变换来的适应度函数值，无须目标函数的导数值等其他一些辅助信息，就可确定进一步的搜索方向和搜索范围。这使得在对目标函数无法求导，或很难求导，或导数不存在的函数优化时应用遗传算法比较方便，并且直接利用目标函数值或个体适应度，也可把搜索范围集中到适应度较高的部分搜索空间中，从而提高了搜索效率。

③遗传算法同时使用多个搜索点的搜索信息。传统的优化算法往往是从解空间中的一个初始点开始最优解的迭代搜索过程，搜索效率不高，有时甚至陷于局部最优解。遗传算法从由很多个体所组成的一个初始群体开始最优解的搜索过程，对这个群体所进行的选择、交叉、变异等运算，产生出的是下一代的群体。在这之中包括了很多群体信息，这些信息可以避免搜索一些不必搜索的点，所以实际上相当于搜索了更多的点，这是遗传算法所特有的一种隐含并行性。

④遗传算法使用概率搜索技术。很多传统的优化算法往往使用的是确定性的搜索方法，搜索点之间有确定的转移方法和转移关系，这种确定性往往也有可能使搜索永远达不到最优点，因而限制了算法的应用范围。遗传算法属于一种自适应概率搜索技术，其选择、交叉、变异等运算都是以一种概率的方式进行，从而增加了其搜索过程的灵活性。

四、遗传算法的应用

遗传算法提供了一种求解复杂系统优化问题的通用框架，它不依赖于问题的具体领域,具有很强的鲁棒性,所以广泛应用于很多学科。对于组合优化问题,遗传算法是寻求满意解的最佳工具之一,并且对组合优化的 NP 完全问题非常有效。同时,遗传算法还广泛地应用于函数优化、生产调度、自动控制、机器人学、图像处理、人工生命、机器学等许多领域。

五、基于遗传算法的路由优化

在计算机通信网络的设计建设过程中,路由选择问题非常复杂又十分重要。理想的路由选择策略,能够大大降低网络的传输时延,提高传输的实时性,并降低网络的运营费用,增强对网络资源的合理有效利用。

路由优化模型是一个 NP 完全的组合优化问题,当问题的规模增大时,由于解的数目急剧增长,在有限的计算时间内通常难以得到最优解。近年来,在解决通信网络优化等许多组合优化问题上,以遗传算法为代表的现代启发式算法得到广泛应用。

最优化路由选择可以简单地描述为:已知具体网络的拓扑结构、节点集合及链路集合,并已知网络中的所有通信节点对、节点对的候选路由集合、节点对相应的传输需求以及所有链路容量,从每一通信节点对相应的候选路由集合中选取一条路由,使得该网络平均端到端的时延为最小。

分组交换网中间结点的工作方式为存储转发,假设结点处理时延、链路传播时延,与等待使用输出链路的时延相比可忽略不计,可以使用 M/M/1 排队模型来模拟分组交换网。即报文的处理时间具有负指数的概率密度函数,分组的到达和发送均为泊松过程,其排队是单队列。于是可以得出对于某条链路 l,其报文分组的平均时延为:

$$T_l = \frac{1}{\mu Q_l - \lambda_l} \qquad (12.3)$$

式中:假设报文分组长度为指数分布,概率密度为 $\mu e^{-\mu l}$,其均值即为报文分组的平均长度 $1/\mu$,λ_l 为通信链路 l 的数据包到达率(分组/秒)。

对于每一条链路的时延进行加权,于是整个网络的平均时延可表述为:

$$\min \frac{1}{\sum_{p \in \Pi} a_p} \sum_{l \in L} \frac{\sum_{r \in R} a_r \delta_{rl} x_r}{\mu Q_l - \sum_{r \in R} a_r \delta_{rl} x_r} \qquad (12.4)$$

约束条件为:

① $\dfrac{1}{\mu} \sum_{r \in R} a_r \delta_{rl} x_r \leq Q_l \quad \forall l \in L$

② $\sum_{r \in S_p} x_p = 1 \quad \forall P \in \text{II}$

③ $x_r = 0$ 或 $x_r = 1 \quad \forall r \in R$

式中：

II 是所有通信节点对（源 / 目的节点对）的集合，p 为其中一个元素。

L 表示链路集合，l 为其中的一个元素。

S_p 是对应于节点对 p 的候选路由集。若 $p \neq q$，则 $S_p \cap S_q = \varnothing$（$\varnothing$ 为空集）。

R 为全体候选路由的集合，r 代表其中的一条路由。

a_p 或 a_r 对应于节点 p 或路由 r 的报文到达速率。$\sum_{p \in \text{II}} a_p$ 为网络总数据包到达率。

$1/\mu$ 为平均报文长度（bit/message）。

Q_l 为链路 l 的容量（kbit/s）。

x_r 为决策变量，即：

$$x_r = \begin{cases} 1 & \text{如果路由} r \text{为某一通信节点对的路由} \\ 0 & \text{其他} \end{cases}$$

δ_{rl} 为指数函数，即：

$$\delta_{rl} = \begin{cases} 1 & \text{如果路由} r \text{经过链路} l \\ 0 & \text{其他} \end{cases}$$

路由优化模型是一个多约束条件的非线性 0～1 规划问题。约束条件①保证链路的数据传输速率不超过链路容量，约束条件②表明任一个通信节点对都应有且仅有一条路由存在，以保证其通信需求，约束条件③则规定了决策变量问题的核心是：在满足上述条件下，使得目标函数值为最小。

第二节　基于改进的人工鱼群算法的路由优化

一、生物背景

在动物的进化过程中，经过漫长的自然界的优胜劣汰，形成了形形色色的觅食和生存方式，这些方式为人类解决问题的思路带来了不少启发和鼓舞。动物一般不具备人类所具有的复杂逻辑推理能力和综合判断能力的高级智能，它们的目的是通过个体的简单行为或群体的简单行为而达到或突现出来的。

动物行为具有以下几个特点。

①适应性。动物通过感觉器官来感知外界环境,并应激性地做出各种反应,从而影响环境,表现出与环境交互的能力。

②自治性。动物有其特有的某些行为,在不同的时刻和不同的环境中能够自主地选取某种行为,而无须外界的控制或指导。

③盲目性。不像传统的基于知识的智能系统那样有着明确的目标,单个个体的行为是独立的,与总目标之间往往没有直接的关系。

④突现性。总目标的完成是在个体行为的运动过程中突现出来的。

⑤并行性。各个体的行为是实时的、并行进行的。

近年来,许多科学家对动物的行为进行了广泛的研究,发现在集群的过程中没有所谓的领导者,单个个体的行为也相对比较简单,个体看上去是盲目与随机的,但整体的行为却是有序与有目的的。这样就使得该类问题的设计不同于传统设计方法,这种方法强调智能主体对环境的自适应行为,并逐渐形成了一种基于生物行为的人工智能模式。同时引入自下而上的设计方法,首先设计单个实体的行为、感知机制,然后将一个或一群实体放置于环境之中,让他们在与环境的交互作用之中达到问题的解决。这种模式被称为动物自治体模式,动物自治体通常指自主机器人或动物模拟实体,它主要是用来展示动物在复杂多变的环境里面能够自主地产生自适应的智能行为的一种方式。

二、人工鱼群算法

人工鱼群算法将基于行为的人工智能思想,通过动物自治体的模式,引入到优化命题的解决中。它从分析鱼类的活动出发,构造一种解决问题的架构——鱼群模式,形成一种高效的智能优化算法——人工鱼群算法。

(一)人工鱼

人工鱼是真实鱼个体的虚拟实体,它可以通过感官来接收环境的刺激信息,通过尾鳍来做出相应的应激活动。实体中封装了其自身的数据信息和一系列行为,用于问题的分析和说明。人工鱼所在的环境主要是问题的解空间和其他人工鱼的状态,它在下一时刻的行为取决于目前自身的状态和目前环境的状态(包括问题当前解决的优劣和其他同伴的状态),并且它还通过自身活动来影响环境,进而影响其他同伴的活动。

(二)鱼群的行为及描述

人工鱼群算法的基本思想是,模仿鱼群的觅食、聚群、追尾和随机等行为,从而实现全局寻优——一片水域中富含营养物质最多的地方(即鱼生存的数量最多的地方)为最优。

算法以简便有效的方式来构造并实现上述行为,以实现寻优命题。采用面向对象的技术重构人工鱼的模型,将人工鱼封装成一个包括变量和函数两部分的类。变量部分包括:人工鱼个体的状态可表示为向量 $X = (X_1, X_2, \ldots, X_n)$,其中 $X_i(i=1,2,\ldots,n)$ 为欲寻优的变量,人工鱼移动的最大步长 step,人工鱼的感知距离 Visual,重试次数 try number,拥挤度因子 delta,人工鱼个体之间的距离表示为 $d_{ij} = |X_i - X_j|$。函数部分包括:人工鱼当前所在位置的食物浓度 $Y = f(X)$(Y 为目标函数值),人工鱼类的各种行为如:觅食行为 prey( )、聚群行为 swarm( )、追尾行为 follow( )、随机行为 move( )以及行为评价函数 evaluate( )。通过这种封装,人工鱼的状态可以被其他同伴所感知。人工鱼四种行为描述如下所示。

(1)觅食行为

觅食行为是趋向食物的一种活动,可以认为它是通过视觉或味觉来感知水中的食物量或浓度来选择趋向的。

行为描述:设人工鱼当前状态为 X_i,在其感知范围内随机选择一个状态 X_j。如果在求极小值问题中,$Y_i > Y_j$(或求极大值为 $Y_i < Y_j$),则向该方向前进一步;反之,再重新随机选择状态 X_j,判断是否满足前进条件,反复尝试了 try number 次后,如果仍不满足前进条件,则随机移动一步。

(2)聚群行为

鱼在游动的过程中为保证群体的生存和躲避危害,会自然地聚集成群。对每条人工鱼规定:一是尽量向临近伙伴的中心移动,二是避免过分拥挤。

行为描述:设人工鱼当前状态为 X_i,探索当前邻域内(即 $d_{ij} < Visual$)伙伴数目 n_f 及中心位置 X_c。如果 $Y_c / n_f < delta * Y_i$,表明伙伴中心有较多食物且不太拥挤,则朝伙伴的中心位置方向前进一步,否则执行觅食行为。

(3)追尾行为

追尾行为是一种向临近的最活跃者追逐的行为,在寻优算法中可以理解为是向附近的最优伙伴前进的过程。

行为描述：设人工鱼当前状态为 X_i，探索当前邻域内（即 $d_{ij}<Visual$）伙伴数目 Y_j 为最大的伙伴 X_j。如果 $Y_j/n_f<delta*Y_i$，表明伙伴 X_j 的状态具有较高的食物浓度并且其周围不太拥挤，则朝 X_j 的方向前进一步，否则执行觅食行为。

（4）随机行为

随机行为是为了在更大范围内寻觅食物或同伴。

行为描述：在视野中随机选择一个状态，然后向该方向移动，其实，它是觅食行为的一个缺省行为。

（三）行为选择及最优值的获取

行为选择即根据要解决问题的性质，对人工鱼当前所处环境进行评价，从而选择一种行为。通常选择各行为中使得人工鱼的下一个状态最优的行为，否则采取随机行为。

最优值的获取通常会有两种方式：一种形式是根据人工鱼最终的分布情况来确定最优解的分布，全局最优的极值点周围通常能聚集较多的人工鱼；另一种形式是在寻优的过程中，跟踪记录最优个体的状态。

（四）人工鱼群算法的寻优原理

在人工鱼群算法中，觅食行为奠定了算法收敛的基础，聚群行为增强了算法收敛的稳定性，追尾行为则增强了算法收敛的快速性和全局性，行为分析也对算法收敛的速度和稳定性提供了保障。

寻优过程中，人工鱼可能会集结在几个局部极值的周围。使人工鱼逃逸局部极值，实现全局寻优的因素主要有以下几点：①觅食行为中重试次数较少时，为人工鱼提供了随机游动的机会，从而能跳出局部极值的邻域；②随机步长使得人工鱼在前往局部极值的途中，有可能转而游向全局极值；③拥挤度因子限制了聚群的规模，只有较优的地方才能聚集更多的人工鱼，使得人工鱼能够更广泛地寻优；④聚群行为能够促使少数限于局部极值的人工鱼向多数趋向全局极值的人工鱼方向聚集，从而逃离局部极值；⑤追尾行为加快了人工鱼向更优状态的游动，同时也能促使限于局部极值的人工鱼，向处于更优的全局极值的人工鱼方向追随并逃离局部极值。

（五）算法描述

根据以上描述的人工鱼模型及其行为，每个人工鱼根据它当前所处的环境况（包括目标函数的变化情况和伙伴的变化情况），选择一种行为，并最终集结在几个局部极值的周围。一般情况下，在求极大问题时，拥有较大的食物浓度值的人工鱼一般处于值较大的极值域周围，这有助于获取全局极值域，而值较大的极值区域周围一般能集结较多的人工鱼，这有助于判断并获取全局极值。满意解域就是所获取的全局极值域，再根据该域的特性来获取较精确的极值。

算法对初始条件要求不高，算法的终止条件可以根据实际情况确定，如根据预期的值，或是迭代的次数。

（六）算法特点

人工鱼群算法是一种智能搜索算法，具有现代优化算法的很多特征：从算法的来源看，是通过对自然界鱼群的长期观察，将生物界中的群体智能用于优化问题的解决，并与人工智能技术相结合而产生的；从算法的寻优源来看，人工鱼群算法是一种广义的邻域搜索算法，具有全局寻优的能力；从算法实现的方式看，可以采用串行的方式实现，也可以采用并行的方式实现，具有并行执行能力，可以由此设计出高效的系统，另外，人工鱼群算法对寻优函数无特殊要求，对初值也无特殊要求，由于本身具有全局收敛能力，因此初值设置为固定值或随机值都可以，参数可设置的范围较广，算法的适应性比较强；由于采用面向对象来实现，可以很好地与实际问题相结合，简单易用，使得算法的通用性比较强。

三、基于改进的人工鱼群算法的路由优化

用人工鱼群算法解决路由优化，算法的原理与上述基本鱼群算法一致，这里不再重述。考虑到路由优化的具体问题，本文对算法实行改进，并引入公告板来记录最优状态。同时，对算法在解决组合优化问题时涉及的某些参数的概念进行了定义。

（一）算法的改进

算法的改进包括两个方面：一是在算法中引入禁忌表，二是引入一个新的参数——觅食步长。

（1）引入禁忌表

在人工鱼群算法中引入禁忌表的基本思想是：建立一张禁忌表，表中记录各人工鱼已经到达的历史最优点及已经遍历的解空间，在人工鱼下一次觅食或随机移动时，利用禁忌表中的信息不再搜索这些点，转而搜索尚未到达的点。

这种方法可有效地扩大人工鱼的邻域搜索范围，增强其全局寻优能力和寻优效率，避免陷于局部最优解。

（2）引入觅食步长参数

觅食行为在算法收敛过程中具有重要作用。基本鱼群算法中，鱼群在觅食时，采用在视野范围内随机选取一个状态的方式。本文引入觅食步长参数的目的，是在保留其原有移动随机性的同时，根据觅食步长调整其移动的距离跨度。由于采用了移动和觅食两种步长，加快了算法的寻优速度，增强人工鱼在离散解空间中邻域搜索的灵活性和有效性，也可降低陷入局部极值的可能性。

（二）算法一些参数的定义

路由选择优化问题属于 NP 完全的组合优化问题，在解决这类问题时，鱼群算法中觅食、追尾、聚群等行为涉及的距离、邻域及中心位置等的形式与距离空间中的定义有很大的不同，下面给出相关的分析和描述。

对于组合优化问题 (D, F, f)，D 为决策变量的定义域，F 表示可行解域，f 表示目标函数。

距离：决策变量 X_1 和 X_2 之间的距离表示不同时属于 X_1 和 X_2 的元素的个数，公式表示如下：

$$Distance(X_1, X_2) = |X_1 - X_2| + |X_2 - X_1| \quad (12.5)$$

邻域：X 的 k- 距离邻域为：

$$N(X, k) = \{X' | Distance(X, X') < k, X' \in D\} \quad (12.6)$$

$X' \in N(X, k)$ 称为 X 的一个邻居。

中心位置：决策变量 $X_1, X_2, \ldots, X_m$ 的中心为：

$$Center(X_1, X_2, \ldots, X_m) = \bigcup_{\substack{i=1 \\ j \neq i}}^{m} \bigcup_{j=1}^{m} X_i \cap X_j \quad (12.7)$$

（三）引入公告板

最优值的获取方式采用跟踪记录最优个体状态的方式，引入公告板用来记录最优状态。人工鱼个体在寻优过程中，每次行动完毕都检验自身状态与公告板的状态，如果自身状态优于公告板状态，就将公告板状态改写为自身状态，以使公告板记录下历史最优的状态。

（四）行为选择

路由优化为求解极小值问题，可以模拟执行聚群、追尾等行为，然后评价行动后的值，选择其中的最小（大）者实际执行，缺省的行为方式为觅食行为。

第三节　基于 DNA-GA 算法的传感器网络的覆盖优化

一、生物背景

在自然界中，生物体表现出的性状多种多样，而每个物种又保持其相似性，这一切都是由生物体中的遗传物质脱氧核糖核酸（Deoxyribo Nucleic Acid，DNA）决定的。DNA 中含有大量的遗传密码，通过生化反应传递遗传信息，这一过程是生命的基本特征之一。近年来，科学的发展非常迅速，对生命科学、医学等方面带来了巨大影响。DNA 的生物背景使我们能进一步地分析和模仿遗传信息调控系统的自生成、自组织功能，引入基因工程机理改造系统结构和参数，实现基于遗传机理的优化，从而建立分子水平上的基于 DNA 控制机理的遗传信息模型。

（一）DNA 的结构

每个生物体内都存在 DNA，它是遗传信息存储的媒介，由核苷酸单元组成。核苷酸按从属于它们的化学基团或碱基分成四种。

①腺嘌呤（Adenine），简写为 A。
②鸟嘌呤（Guanine），简写为 G。
③胞嘧啶（Cytosine），简写为 C。
④胸腺嘧啶（Thymine），简写为 T。

DNA 链主要是由一个脱氧核苷酸上的 5'- 磷酸基和另一个脱氧核苷酸核糖上的 3'- 羟基共价连接而成。DNA 由两条极长的核苷酸键利用碱基之间的氢键结合在一起，形成一条双股的螺旋结构，且一股中的碱基序列与另一股中的碱基序列互补。作为碱基对，核苷酸 A 和 T、C 和 G 称为互补。

（二）遗传信息流程及操作方法

在细胞利用遗传信息的过程中，有几种非常重要的操作。

①复制。通过 DNA 链的复制而保留遗传信息。在复制过程中，以亲代 DNA 的两条链作为模板，在每条链上各复制出一条互补的 DNA 链。

②转录。把遗传信息从细胞核传送到细胞质的第一步就是从 DNA 到 mRNA 的转录过程。在该过程中，DNA 双链解开，其中一条链作为转录的模板，合成一条互补的 RNA 链（mRNA）。

③翻译。用 mRNA 编码的遗传信息翻译成由一个特定序列的氨基酸连成的蛋白质。在翻译过程中，有两种 RNA，即 mRNA 和转移 RNA（tRNA），起着非常重要的作用。mRNA 中携带着合成氨基酸的密码。tRNA 充当接头，起调节作用，识别密码子，将氨基酸插入多缩氨基酸的合适位置。

④重组（交叉）。DNA 交换遗传信息的过程，两条 DNA 链通过交叉相互交换链上的核苷酸。根据对 DNA 序列和所需蛋白质因子的要求，可将重组分为同源重组、位点特异性重组、异常重组和转座作用等。遗传重组为产生遗传变异的原因之一，对育种和进化具有重要的表现意义。

⑤DNA 变异。最常见的变异是基因中代码序列的变化，这种改变可以分为两类。第一类是碱基的取代，即 DNA 序列中某个碱基被另一个碱基所取代。碱基的取代又分为两种：一种是同类型碱基转换变异，即嘌呤替代嘌呤，嘧啶替代嘧啶；另一种是异类型碱基颠换变异，即嘌呤被嘌呤或嘧啶替代。第二类是框构转移变异，包括碱基的丢失和碱基的嵌入，即一个或多个碱基对丢失或嵌入，再重新组合。例如，由于酶操作而导致的丢失操作，在酶的起始密码子和终止密码子之间的碱基被丢失；由于病毒操作而导致的嵌入操作，一段碱基序列被嵌入到染色体中。

二、DNA 计算

（一）DNA 计算概述

DNA 计算是基于大量 DNA 分子的自然的并行操作及生化处理技术，通过产生类似某种数学过程的一种组合结果并对其进行抽取和检测来完成的一种分子计算。DNA 计算是近几年来出现并快速发展的一种计算方法，它于 1994 年被美国科学家阿德曼（Adleman）教授首先提出。Adleman 通过生化方法求解一个有 7 个结点的问题，显示了用 DNA 进行计算的可行性。之后不久，利普顿（Lipton）等很快提出了基于 DNA 模型的 DNA 算法，进一步论证了 DNA 算法可解决完全性问题。随着不同的 DNA 计算方法和诸多 DNA 算法相继出现，DNA 分子计算迅速成为活跃的研究领域。

DNA 计算是利用大量不同的核酸分子杂交，产生类似某种数学过程的一种组合结果并对其进行筛选来完成的。对于一种特定的运算，这种组合结果的获得是通过对 DNA 进行一系列连续的操作来实现的。所谓操作，有物理操作和化学操作。物理操作实质上是调控生化反应的外部条件，如温度，酸碱度等。化学操作主要是各种酶的操作，常用的操作有合成、溶合、融解、复合（退火）、连接、修复、杂交分离等。以上所述的生物操作以及其他一些可能的生物操作，都可用来编写程序，该程序接收含有 DNA 链的试管作为输入，而返回"是"或"否"作为输出。

DNA 计算解决问题的基本思想首先是利用 DNA 特殊的双螺旋结构和碱基互补配对原则对问题进行编码，将要运算的对象映射成 DNA 分子链，在 DNA 溶液的试管里，在生物酶（操作）的作用下，生成各种数据库，然后按照一定的规则将原始问题的数据运算高度并行地映射成 DNA 分子链的可控生化过程，最后，利用分子生物技术破获运算结果。DNA 计算的研究目前已涉及 DNA 计算的能力、计算模型和算法等许多方面，且多集中在从生物 DNA、计算机和数学角度研究其计算模型、生物实现及并行性功能。

（二）DNA 计算与进化计算的集成

生物进化中采用的许多信息处理模式已被人们用于智能系统，如神经网络、遗传算法等智能计算方法。基于 DNA 编码的信息模型将会加深对智能计算中智能技术的理论研究，并拓宽其应用范围。在进化计算（EC）中，位串编码由于其简单性和易处理性，是最常用的经典方法。然而，这种简单的编码方法不能表达丰富的遗传信息，许多基于基因级的操作也难以在常规 EC 中得到模拟和实现。若能选择更好的染色体格式来表达问题，则能增强对问题表达的理解，且便于实际实现。另外，常规的 EC 用于处理实际问题，尤其是处理复杂、混淆和多任务的问题不够灵活，且计算速度慢。为了进一步模拟生物的遗传机理和基因调控机理，一些学者提出了基于 DNA 编码的进化计算，如带有双股 DNA 的 GA 用于促进 DNA 复制的非对换变异、类似 DNA 编码的"系统描述"、各种进化系统细胞特定化的模型、各种基于生物 DNA 编码方法的 DNA 遗传算法（DNA-GA）及其应用等。

三、DNA–GA 算法

DNA-GA 的整体结构与常规遗传算法类似，只是其采用 DNA 编码方法，并通过进行带有 DNA 计算特点的遗传操作来得到问题的解。

（一）基本概念和术语

以下就 DNA-GA 中使用的基本概念和术语进行说明。

①DNA链（染色体）：遗传物质的主要载体，是多个遗传因子的集合，由A、T、G、C编码集合组成。

②遗传因子（基因）：控制生物的性状遗传物质的功能和结构的基本单位，可对应于待求解问题的某个参数或多个参数的组合。

③遗传子座：DNA链上遗传因子的位置。各个位置决定所遗传的信息。

④基因型：遗传因子组合的模型，是DNA链决定怀状的内部表现。

⑤表现型：由DNA链决定性状的外部表现，或者说，是根据基因型形成的个体。

⑥个体：指DNA链带有特征的实体。

⑦DNA汤（群体）：DNA链带有特征的个体的集合。该集合内的DNA链的多少为DNA汤的大小。

⑧适应度：一条DNA链所代表的外部表现对其外部环境的适应程度。

⑨编码：从表现型到基因型的映射。

⑩译码：从基因型到表现型的映射。

⑪选择：指以一定的概率从DNA汤中选择若干对DNA链的操作。选择的目的是使适应度大的DNA链有更多繁殖后代的机会，从而使优良特性得以遗传，它体现了自然界适者生存的思想。

⑫交叉：将两条DNA链进行互换重组的操作。交叉是DNA-GA的核心。只有不断地交叉，才能不断地产生新的个体，从而得到优秀个体。从信息论的观点看，交叉是一种信息交换并产生新信息的过程，交叉的同时也创造了新的信息。交叉的方式有单点、多点及最近遗传学讨论的基因转移等多种方式。

⑬变异：让DNA链中的遗传因子以一定的概率突然变化的操作。变异的目的是使DNA-GA具有局部随机搜索功能，维持DNA汤的多样性，避免出现早熟现象而过早的收敛。DNA链的变异主要有碱基的突变和碱基序列的变化等。

⑭倒位：在DNA链中两个随机选择位置之间的某些碱基的顺序进行倒位。它可以使在父代中离得很远的位置在后代中靠在一起，相当于重新定义基因块。

（二）DNA-GA算法的假设

DNA-GA是在基于DNA编码的遗传模型基础上来进行遗传操作的。与遗传算法类似，对该模型提出以下假设。

①链是由A、T、G、C组成的一个固定或可变长度的字符串，其中每一位都具有有限数目的等位基因。

②DNA汤（群体）中有有限条DNA链。

③对DNA链可以施加不同的遗传操作。

④每一条DNA链有一个相应的适应度，表示该DNA链生存与复制的能力。适应度越大，表示其生存能力越强。

（三）DNA-GA算法的结构

DNA-GA的结构与常规遗传算法类似，下面具体说明DNA-GA求解的问题的具体步骤。

（1）初始化及DNA链编码

使用n个具有任意DNA链的个体组成初始世代群体（DNA汤）。一条DNA链由4种碱基A、T、G、C的结合体构成，可以表示多个基因。DNA-GA初始化时，待解决问题的设计参数是通过字符集成电路来编码以形成染色体，即DNA链。DNA编码是一个关键的环节，DNA链的长短将直接影响问题求解的精度和收敛速度。DNA-GA的任务是从DNA汤出发，模拟进化过程最后选择出优秀的群体和个体，满足求解问题的优化要求。

（2）适应度的评价

按编码规则，将DNA汤中的每一个DNA链的密码子转化成所对应的参数值用于求解问题，并按某一标准计算其评价函数。若其评价函数值高，表示该DNA链有较高的适应度。由于将DNA的4个碱基中的3个组合成密码子的情况有64种，在翻译参数时可将这64种组合对应于[0, 63]区间上的任意一个数，用于问题的求解。此时考虑的翻译关系与生物的DNA遗传密码表有所不同，即不同的密码子对应不同的参数。而在生物DNA中，允许不同的密码子对应相同的氨基酸。我们也可以考虑与生物的DNA遗传密码表相同的转译过程，即不同的密码子对应相同的氨基酸（或参数）。所谓转译过程，即先从DNA上转录，拼接成mRNA，再将mRNA中由三个连续碱基组成的密码子，对应为氨基酸，64种密码子对应20种氨基酸，有许多氨基酸是由不同的密码子决定的，这种性质是称为DNA的简并性，DNA的简并性有利于遗传性状的稳定。20个不同的氨基酸构成了蛋白质的基本单元，多条氨基酸链组成的蛋白质能够确定细胞（结构和功能）。20种氨基酸对应[-9, 9]区间中的某一个数。

（3）选择

按一定的概率从DNA汤中选出m个DNA链个体，作为双亲用于繁殖后代，产生新的个体加入下一代。选择的目的是使适应度大的DNA链有更多繁殖后代的机会，从而使优良特性得以遗传，体现了自然界适者生存的思想。与常规遗传算法类似，DNA-GA 常见的选择实现方法有适应度比例法、期望值法、排位次法、精华保存法、轮盘赌法。

（4）交叉

对于选中的用于繁殖的每一对 DNA 链个体，将其中部分内容进行互换，交叉位置是随机产生的。通过这种交叉方法，凭借交叉点，产生了新的 DNA 链，基因得以极大的改变。交叉有单点交叉和多点交叉等方式。多点交叉又有 n-点交叉和标准交叉两种方式。标准交叉中，其后代个体是基于一个随机产生的交叉特征码，对父代进行操作而得到的。若某一位置上交叉特征码为 0，则其后代的碱基不变；反之，其后代的碱基由双亲互换得到，也就是说，所产生的后代个体是父代个体碱基序列的混合。

（5）变异

以一定概率从下一代 DNA 汤中随机选择若干个 DNA 链个体，对于选中的 DNA 链个体，随机地选取某一位进行 DNA 链中碱基序列的变化。DNA 链中的变化有碱基的替换、丢失和嵌入。碱基的取代有两种：一种是同类型碱基转换变异，另一种是异类碱基转换变异。

（6）倒位

以一定的概率从下一代 DNA 汤中随机选取若干个 DNA 链个体，对于选中的 DNA 链个体，随机地选取某两个位置，将它们之间的碱基顺序进行倒位。倒位的目的是试图找到好的进化特性的基因顺序。倒位操作是可选的，根据问题的需要而定。

（7）循环往复

对产生的新一代 DNA 汤返回到步骤（2），进行评价、选择、交叉、变异和倒位，如此循环往复，使群体中个体的适应度和平均适应度不断提高，直到最优个体的适应度达到某一限值或最优个体的适应度和群体的平均适应度不再提高，则迭代过程收敛，算法结束。

四、基于 DNA-GA 算法的传感器网络节点的覆盖优化

（一）无线传感器网络

无线传感器网络（Wireless sensor network，WSN）是由大量具有无线通信与计算能力的微小传感器节点构成的自组织分布式网络，是根据环境自主完成指定任务的"智能"系统。WSN 通过各类集成化的传感器协作完成实时监测、

感知和采集监测对象的信息，通过无线链路将收集到的信号转化为数据发送到数据中心（sink 节点），并以自组多跳的网络方式传送到用户终端，从而实现物理世界、计算世界以及人类社会三元世界的连通。

WSN 是当前在国际上备受关注的、涉及多学科高度交叉、知识高度集成的前沿热点研究领域，它将逻辑上的信息世界与真实的物理世界融合在一起，深刻改变了人与自然的交互方式，被认为是对 21 世纪产生巨大影响力的技术之一。作为一种全新的信息获取和处理技术，它在国防军事、工农业、城市管理、生物医疗、环境监测、抢险救灾、防恐反恐、危险区域远程控制等诸多重要领域都有潜在的实用价值。

WSN 具有节点数量多、分布密集、硬件资源有限、无中心、自组织、多条路由、动态拓扑等特点。同时具有分布式处理带来的监测精度高、容错性能好、覆盖区域大、可远程监控等众多优点。其最重要的特点是节点携带的电池能量不能补充，人们通常需要在完成检测任务的前提下，尽量节省能耗以延长网络寿命。

WSN 的最优覆盖是传感器网络研究的核心问题之一，它直接影响无线传感器网络代价和服务质量。传感器网络的初期节点分布有两种策略，一种是大规模的随机分散，另一种是针对特定用途进行有目的的设置。由于客观条件的限制，有些环境是"不可达"的，如恶劣的地形、灾难地域或敌方控制的军事区等。因此，随机放置将是一种首选的、广泛运用的传感器节点配置方式。

（二）无线传感器网络的最优覆盖

对 WSN 节点的分布进行优化可有效地提高网络的感知能力、信息收集能力以及网络的生存期限。WSN 的最优覆盖，是指在传感器网络节点能量、无线网络通信带宽、网络计算处理能力等资源普遍受限的情况下，通过网络传感器节点合理分布等手段，最终使 WSN 的各种资源得到优化分配，进而使各种服务质量得到改善。

如何实现最优覆盖是网络拓扑管理的关键内容，在网络体系结构的层次上，它可视为网络层的研究范畴。节能覆盖的主要手段：一是优化节点调度，延长网络寿命，大大降低供应商和客户的网络造价成本；二是优化网络的动态拓扑结构来提供充分覆盖监测。

无线传感器网络拓扑的获取对于提高网络的感知能力和生存能力具有重要的意义。传统的传感器网络拓扑发现算法通常利用节点间无线通信的广播机制获取各自的邻居节点信息，并利用拓扑发现分组的扩散来完成拓扑结构的生成。

各节点收集所有下游节点的拓扑信息后,向各自的上游节点传递并最终形成网络的拓扑。传感器网络中的节点自身定位大多采用 GPS 技术,对于精度不高的应用来说也可以利用局部定位算法来正确定位。利用这些已有的拓扑生成和节点定位技术,可以较准确地获得感知网络节点的分布情况以及各节点间的距离信息,并为网络节点的分布优化提供分析基础。

在大规模的随机分布模式下,为达到较好的网络分布,必须投入远大于实际需要的冗余感知节点来获得较好的节点密度,会使网络中存在因节点分布不合理导致的感知阴影和盲点。通过网络的拓扑发现和节点位置的获取,借助于具有移动能力的感知节点对网络拓扑结构的调整能力,可以有效地消除探测区域内的阴影和盲点。然而,对于包含大量节点的传感器网络来说,大规模的节点调整意味着巨大的网络维护成本。因此如何以较小的代价完成传感器网络节点的分布优化成为后期管理的关键问题。尽管针对传感器网络国内外进行了大量的拓扑发现和定位研究,但对感知节点分布优化问题的研究工作做的还很有限,结合 DNA-GA 算法,本文对 WSN 的最优覆盖问题进行研究。

在无线传感器网络中,通常有两种类型的节点,即传感器节点和接收发送节点。各感知节点收集的数据通常传送给 sink 节点,并最终发送给用户。因此,以 sink 节点为中心建立网络的拓扑并以此建立感知节点伸展树,进而利用节点的移动性对特定感知节点的位置进行调整从而改善网络整体的感知覆盖范围,可以以较小的代价获得较大的网络感知能力的改善。

参考文献

[1] 王凌. 智能优化算法及其应用 [M]. 北京：清华大学出版社，2001.

[2] 云庆夏，黄光球，王占权. 遗传算法和遗传规划 [M]. 北京：冶金工业出版社，1997.

[3] 周明，孙树栋. 遗传算法原理与应用 [M]. 北京：国防工业出版社，1999.

[4] 丁建立，陈增强，袁著祉. 智能仿生算法及其在网络优化中的应用研究进展 [J]. 计算机工程与应用，2003，39（12）.

[5] 殷志祥，董亚非，许进. 组合优化中的 DNA 计算 [J]. 计算机工程与应用，2002，38（19）.

[6] 任彦，张思东，张宏科. 无线传感器网络覆盖控制理论与算法 [J]. 软件学报，2006，17（3）.

[7] 吴正佳，张利平，王魁. 蚁群算法在一维下料优化问题中的应用 [J]. 机械科学与技术，2008（12）.

[8] 马祖长，孙怡宁，梅涛. 无线传感器网络综述 [J]. 通信学报，2004，25（4）.

[9] 姜长元. 蚁群算法的理论及其应用 [J]. 计算机时代，2004（6）.

[10] 吴春国. 广义染色体遗传算法与迭代式最小二乘支持向量机回归算法研究 [D]. 吉林：吉林大学，2006.

[11] 王喆. 商务数据中的关联和聚类算法研究 [D]. 吉林：吉林大学，2005.

[12] 时小虎. Elman 神经网络与进化算法的若干理论研究与应用 [D]. 吉林：吉林大学，2006.